国家示范性高职院校建设项目成果

机床电气控制技术

主　编　李　伟　熊新国
参　编　肖虎斌　常　乐
主　审　姚宝玉

机械工业出版社

本书依据机电类专业高级技能人才的培养要求，突破传统的科学教育对学生技术应用能力培养的局限，采用任务模块的形式构建实训教学体系，以电气控制电路安装、调试与维修的基本操作、基本工艺、基本技能为重点，结合所用到的知识点，并辅以必要的理论分析，使理论指导实践，突出技能训练。本书包括4个任务模块：低压电器、基本控制电路的安装与调试、基本控制电路的检修、常用机床控制电路的检修。

本书可作为机电类专业高级技能人才培养及高等职业教育的实训教材，用于机电一体化专业、机械工程与自动化专业、电气自动化技术专业、自动化专业等，也可作为工程技术人员的自学参考书。

为方便教学，本书配有电子课件、知识能力测试答案等，凡选用本书作为授课教材的学校，均可来电或邮件索取，咨询电话：010-88379564或邮箱：cmpqu@163.com。有任何技术问题也可通过以上方式联系。

图书在版编目（CIP）数据

机床电气控制技术/李伟，熊新国主编．—北京：机械工业出版社，2010.8（2019.1重印）

国家示范性高职院校建设项目成果

ISBN 978-7-111-31699-2

Ⅰ. ①机… Ⅱ. ①李…②熊… Ⅲ. ①机床—电气控制—高等学校：技术学校—教材 Ⅳ. ①TG502.35

中国版本图书馆 CIP 数据核字（2010）第 171406 号

机械工业出版社（北京市百万庄大街22号　邮政编码100037）
策划编辑：曲世海　责任编辑：曲世海　王 琪　版式设计：霍永明
责任校对：李秋荣　封面设计：赵颖喆　责任印制：常天培
北京机工印刷厂印刷
2019年1月第1版第5次印刷
184mm×260mm・11.5 印张・286 千字
标准书号：ISBN 978-7-111-31699-2
定价：32.00 元

凡购本书，如有缺页、倒页、脱页，由本社发行部调换

电话服务	网络服务
服务咨询热线：010-88379833	机 工 官 网：www.cmpbook.com
读者购书热线：010-88379649	机 工 官 博：weibo.com/cmp1952
	教育服务网：www.cmpedu.com
封面无防伪标均为盗版	金 书 网：www.golden-book.com

序

  三载寒暑，数易其稿，我院国家示范性高职院校建设成果之———工学结合的系列教材终于付梓了，她就像一簇小花，将为我国高职教育园地增添一抹春色。我院入选国家示范性高职院校建设单位以来，以强化内涵建设为重点，以专业建设为龙头，以精品课程和教材建设为载体，与行业企业技术、管理专家共同组建专业团队，在课程改革的基础上，共同编著了30余部教材，涵盖了我院的机电一体化技术、电子信息工程技术、汽车检测与维修技术、烹饪工艺与营养四个专业的30余门专业课程。在保证知识体系完整性的同时，体现基于工作过程的基本思想，是本批教材探讨的重点。

  本批教材是学院与行业企业共同开发的，适应区域、行业经济和社会发展的需要，体现行业新规范、新标准，反映行业企业的新技术、新工艺、新材料。教材内容紧密结合生产实际，融"教、学、做"为一体，力求体现能力本位的现代教育思想和理念，突出高职教育实践技能训练和动手能力培养的特色，注重实用性、先进性、通用性和典型性，是适合高职院校使用的理论和实践一体化教材。

  本批教材由我院国家示范性重点建设专业的专业带头人、骨干教师与相关行业企业的技术、管理专家合作编写，这些同志大都具有多年从事职业教育和生产管理一线的实践经验，合作团队中既有享受国务院政府特殊津贴的专家、河南省"教学名师"，又有河南省教育厅学术技术带头人、国家技能大赛优胜者等。学院教师长期工作在高职教育教学一线，熟悉教学方法和手段，理论方面有深厚功底；行业企业专家具有丰富的实践经验，能够把握教材的广度和深度，设定基于工作过程的教学任务，两者结合，优势互补，体现"校企合作、工学结合"的主要精髓。相信这批教材的出版，将会为我国高职教育的繁荣发展做出一定贡献。

河南职业技术学院院长 **王爱群**

前 言

根据《教育部、财政部关于确定"国家示范性高等职业院校建设计划"2008年度立项建设院校的通知》(教高函【2008】17号),河南职业技术学院被确立为立项建设院校。本书所属课程是该院电气自动化技术的专业核心课程之一。

本书内容注重实践,提倡"做中学,学中做"。采用模块化结构,将机床电气控制设计、安装与维修的工作过程整合成工作任务,以任务驱动教学。本书从提出"教学目的"开始,在完成工作任务的过程中,突出工艺要领和操作技能的培养;在每个任务中的"知识能力"部分,将本任务中涉及的理论知识进行梳理,努力使学生在实训时能够脱离理论教材,实现理论实训一体化;在"技能能力"部分,将工作过程进行教学描述,设计出"任务单",要求学生从资讯、决策、计划、实施、检查、评价等6个方面开放学习,并在每个任务后面给出"考核标准",对训练过程进行记录,并给出相应的量化参考标准。最后,通过"技能测试"巩固学习成果。同时,本书的内容以最新的国家维修电工职业标准为依据,充分体现新工艺、新技术、新方法。

本书由河南职业技术学院李伟和熊新国主编,李伟编写了模块1和前言部分,并负责统稿;熊新国编写了模块2和模块3;中船重工集团第七一三研究所肖虎斌和恒天重工股份有限公司常乐编写了模块4;全书由恒天重工股份有限公司姚宝玉任主审。在此,对在本书编写过程中参考的有关文献、资料的作者以及恒天重工股份有限公司和中船重工集团第七一三研究所在本书编写过程给予的大力支持表示衷心的感谢。

由于编者水平有限,编写时间仓促,书中难免有疏漏、错误和不足之处,恳请读者批评指正。

编　者

目 录

序
前言

模块 1　低压电器 1
　　任务 1.1　低压开关 1
　　任务 1.2　熔断器 9
　　任务 1.3　接触器 17
　　任务 1.4　热继电器 25
　　任务 1.5　时间继电器 33

模块 2　基本控制电路的安装与调试 42
　　任务 2.1　点动正转控制电路的安装与调试 42
　　任务 2.2　单向连续正转运行控制电路的安装与调试 54
　　任务 2.3　接触器联锁正、反转控制电路的安装与调试 60
　　任务 2.4　工作台自动往返控制电路的安装与调试 67
　　任务 2.5　顺序运行控制电路的安装与调试 76
　　任务 2.6　定子绕组串接电阻减压起动控制电路的安装与调试 83
　　任务 2.7　自耦变压器减压起动控制电路的安装与调试 90
　　任务 2.8　星形-三角形联结减压起动控制电路的安装与调试 97
　　任务 2.9　反接制动控制电路的安装与调试 104
　　任务 2.10　能耗制动控制电路的安装与调试 113

模块 3　基本控制电路的检修 122
　　任务 3.1　单向连续运行控制电路的检修 122
　　任务 3.2　接触器联锁正、反转控制电路的检修 127
　　任务 3.3　星形-三角形减压起动控制电路的检修 135
　　任务 3.4　能耗制动控制电路的检修 142

模块 4　常用机床控制电路的检修 149
　　任务 4.1　CA6140 型车床电气控制电路的检修 149
　　任务 4.2　XA6132 型卧式万能铣床电气控制电路的检修 155
　　任务 4.3　Z35 型摇臂钻床电气控制电路的检修 167

参考文献 176

模块 1 低压电器

任务 1.1 低压开关

教学目的

知识能力：熟悉低压开关的基本结构和分类。
技能能力：掌握低压开关的选用、拆卸、装配和维护。
社会能力：培养学生分析问题、解决问题的能力；培养学生的沟通能力及团队协作精神。

> 知识能力

低压开关主要用于在成套设备中隔离电源，也可用于不频繁地接通和分断低压供电电路。另外，它也可用作小功率笼型异步电动机的直接起动控制。低压开关主要包括刀开关、组合开关和低压断路器等。

1.1.1 开启式负荷开关

开启式负荷开关又称为瓷底胶盖刀开关，俗称闸刀开关。生产中常用的是 HK 系列开启式负荷开关，适用于照明、电热设备及小功率电动机控制电路中，供手动不频繁地接通和分断电路，并起短路保护作用。HK 系列开启式负荷开关由瓷质手柄、动触头、进线座、静触头、出线座、胶盖紧固螺钉、胶盖组合而成，其结构如图 1-1 所示。开启式负荷开关的结构简单、价格便宜，在一般的照明电路和功率小于 5.5kW 的电动机控制电路中被广泛采用。但这种开关没有专门的灭弧装置，其刀式动触头和静触头易被电弧灼伤引起接触不良，因此不宜用于操作频繁的电路。

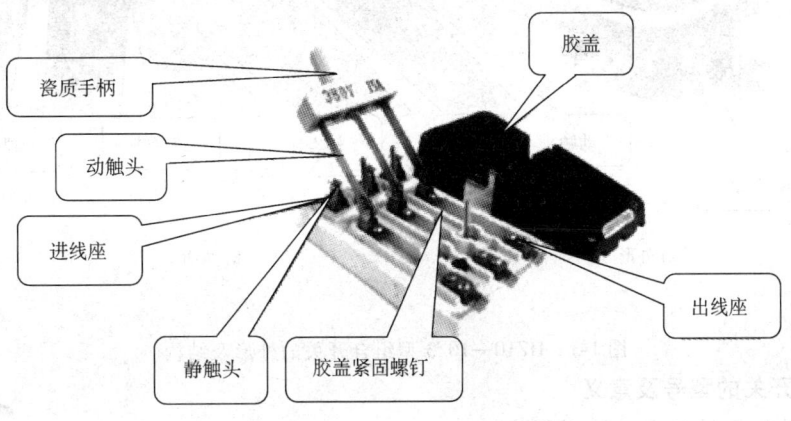

图 1-1 开启式负荷开关的结构

1. 开启式负荷开关的型号及意义

开启式负荷开关的型号及意义如下所示：

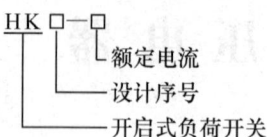

2. 开启式负荷开关的电气图形和文字符号

开启式负荷开关的电气图形和文字符号如图 1-2 所示。

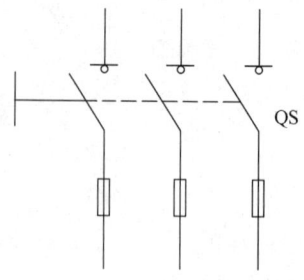

图 1-2 开启式负荷开关的电气图形和文字符号

1.1.2 组合开关

1. 组合开关的结构及工作原理

HZ10—10/3 型组合开关的外形与结构如图 1-3 所示。该组合开关的 3 对静触头分别装在 3 层绝缘垫板上，并附有接线柱，用于与电源及用电设备相接。动触头是由磷铜片（或硬紫铜片）和具有良好灭弧性能的绝缘钢纸板铆合而成，并和绝缘垫板一起套在附有手柄的方形绝缘转轴上。手柄和转轴能在平行于安装面的平面内沿顺时针或逆时针方向每次转动 90°，带动 3 个动触头分别与 3 对静触头接触或分离，实现接通或分断电路的目的。组合开关的顶盖部分是由滑板、凸轮、扭簧和手柄等构成的操作机构，由于采用了扭簧储能，可使触头快速闭合或分断，从而提高了开关的通断能力。组合开关的绝缘垫板可以一层层组合起来，并按不同的方式配置触头，从而满足不同的控制要求。

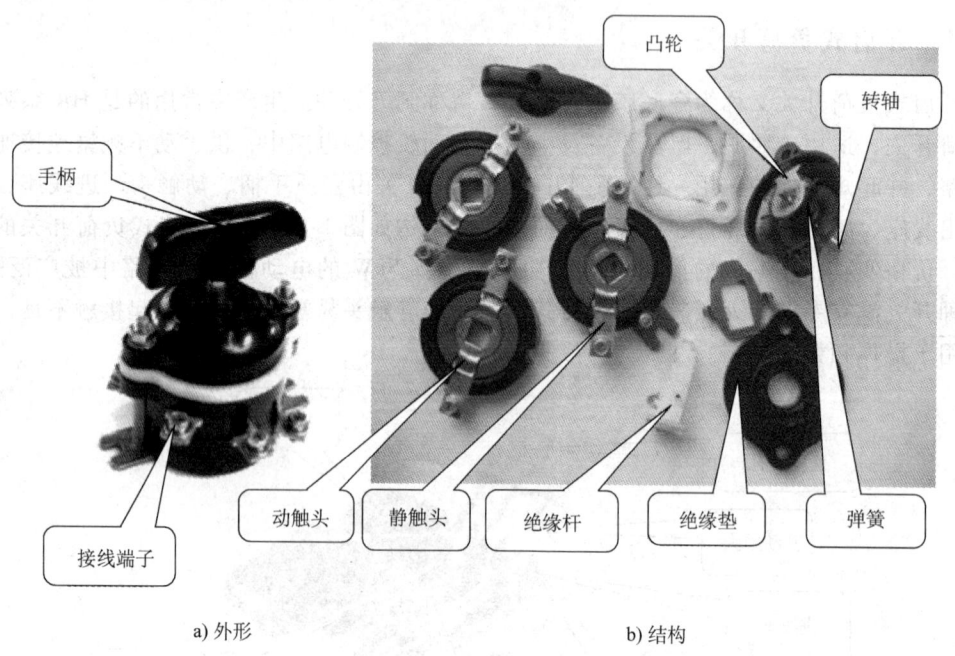

a) 外形   b) 结构

图 1-3 HZ10—10/3 型组合开关的外形及结构

2. 组合开关的型号及意义

组合开关的型号及意义如下所示：

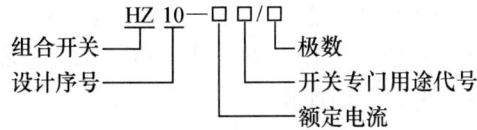

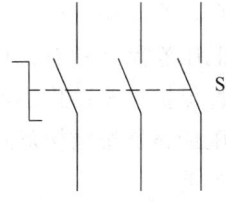

图 1-4 组合开关的电气图形和文字符号

3. 组合开关的电气图形和文字符号

组合开关的电气图形和文字符号如图1-4所示。

4. 组合开关的主要技术参数

HZ10系列组合开关的技术参数见表1-1。

表1-1 HZ10系列组合开关的技术参数

型号	额定电压 /V	额定电流 /A	极数	极限操作电流（3极）/A		可控制的电动机最大功率和额定电流（3极）		额定电压及额定电流下的通断次数			
								交流功率因数λ		直流时间常数/s	
				接通	分断	功率/kW	额定电流/A	≥0.8	≥0.3	≤0.0023	≤0.01
HZ10—10	DC 220、AC 380	6	单极	94	62	3	7	20000	10000	20000	10000
		10	2极、3极								
HZ10—25		25		155	108	5.5	12				
HZ10—60		60		—	—	—	—				
HZ10—100		100						10000	5000	10000	5000

5. 组合开关的选择

（1）用于照明或发热电路 组合开关的额定电流应等于或大于被控制电路中各负载电流的总和。

（2）用于电动机电路 组合开关的额定电流一般取电动机额定电流的1.5~2.5倍。

6. 组合开关的常见故障分析及其排除方法

组合开关的常见故障分析及其排除方法见表1-2。

表1-2 组合开关的常见故障分析及其排除方法

故障现象	产生原因	排除方法
手柄转动90°而内部触头未动	1. 手柄上的三角形或半圆形口磨成圆形 2. 操作机构损坏 3. 绝缘杆由方形磨成圆形 4. 轴与绝缘杆装配不紧	1. 调换手柄 2. 修理操作机构 3. 更换绝缘杆 4. 紧固轴与绝缘杆
手柄转动而3对静触头和动触头不能同时接通或断开	1. 开关型号不对 2. 修理后触头位置装配不正确 3. 触头失去弹性或有尘污	1. 更换开关 2. 重新装配 3. 更换触头或清除尘污
开关接线柱相间短路	一般由于长期不清扫，使铁屑或油污附在接线柱间形成导电层，将胶木烧焦，绝缘破坏形成短路	清扫开关或调换开关

1.1.3 低压断路器

低压断路器（简称断路器）是低压配电网络和电力拖动系统中常用的一种配电电器，它集控制和多种保护功能于一体，在正常情况下可用于不频繁接通和断开电路以及控制电动机的运行。当电路发生短路、过载和失压等故障时,能自动切断故障电路,保护电路和电气设备。低压断路器具有操作安全、安装使用方便、工作可靠、动作值可调、分断能力较高、兼顾多种保护以及动作后不需要更换元件等优点,因此得到了广泛应用。

低压断路器按结构形式可分为塑壳式、框架式、限流式、直流快速式、灭磁式和漏电保护式等6类。

低压断路器主要有DZ和DW两大系列。它们的基本构造和工作原理大致相同,主要由触头系统、灭弧装置、操作机构、保护装置(各种脱扣器)及外壳等几部分组成。常用的低压断路器是DZ系列塑壳式断路器,如DZ5系列和DZ10系列。其中,DZ5小电流系列低压断路器的额定电流为10~50A,DZ10大电流系列低压断路器的额定电流有100A、250A、600A 3种。

1. DZ系列塑壳式低压断路器的结构

图1-5为常用的DZ5—20型塑壳式低压断路器的外形与结构。该低压断路器的结构为立体布置,操作机构居中,有红色分闸按钮和绿色合闸按钮伸出壳外;主触头系统在后部,其辅助触头由一对常开和一对常闭两对触头组成。

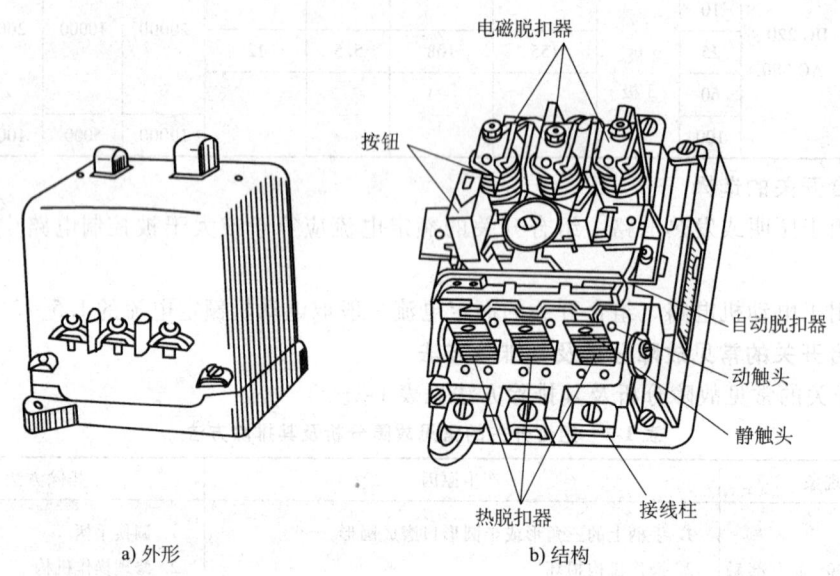

a) 外形　　　　　　　　b) 结构

图1-5　DZ5—20型塑壳式低压断路器的外形与结构

2. DZ系列塑壳式低压断路器的工作原理

DZ系列塑壳式低压断路器的工作原理示意图如图1-6所示。

图1-6中,2是低压断路器的3对主触头,与被保护的三相主电路相串联,当手动闭合电路后,其主触头由锁链3钩住搭钩4,克服弹簧1的拉力,保持闭合状态。搭钩4可绕轴5转动。当被保护的主电路正常工作时,电磁脱扣器6中线圈所产生的电磁吸合力不足以将衔铁8吸合;而当被保护的主电路发生短路或产生较大电流时,电磁脱扣器6中线圈所产生电磁吸合力随之增大,直至将衔铁8吸合,并推动杠杆7,把搭钩4顶离。在弹簧1的作用下主触头断开,主电路被切断,起到保护作用。当电路电压严重下降或消失时,欠电压脱扣器11中线圈的吸力减少或失去吸力,衔铁10被弹簧9拉开,推动杠杆7,将搭钩4顶开,断开了主触头。如果电路发生过载,过载电流流过发热元件13,使双金属片12向上弯曲,将推动杠杆7,断开主触头,起到保护作用。

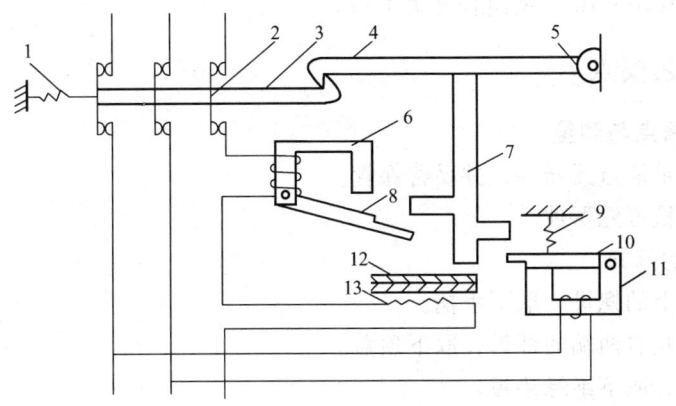

图 1-6　DZ 系列塑壳式低压断路器的工作原理示意图

3. 低压断路器的选用

1）低压断路器的额定电压和额定电流应不小于电路的额定电压和最大工作电流。

2）热脱扣器的整定电流应与所控制负载的额定电流一致。电磁脱扣器的瞬时脱扣整定电流应大于负载电路正常工作时的最大电流。

对于单台电动机来说，电磁脱扣器的瞬时脱扣整定电流 I_Z 可按下式计算：

$$I_Z \geq kI_q$$

式中，k 为安全系数，一般取 1.5~1.7；I_q 为电动机的起动电流。

对于多台电动机来说，I_Z 可按下式计算：

$$I_Z \geq kI_{qmax} + 电路中其他设备的工作电流$$

式中，k 也可取 1.5~1.7；I_{qmax} 为其中一台起动电流最大的电动机的电流。

4. 低压断路器的型号和意义

低压断路器的型号和意义如下所示：

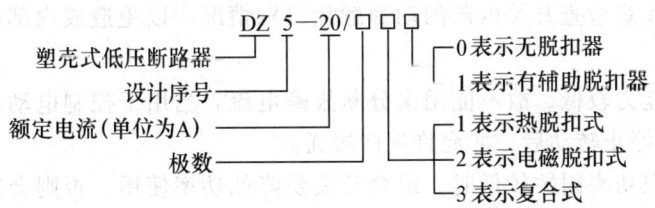

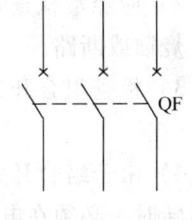

图 1-7　低压断路器的电气图形和文字符号

5. 低压断路器的电气图形和文字符号

低压断路器的电气图形和文字符号如图 1-7 所示。

> 技能能力

1.1.4　工作任务描述

拆卸、装配和维护组合开关。

1.1.5　工具、仪表及材料

（1）工具　螺钉旋具、尖嘴钳、钢丝钳等。

（2）仪表　MF47 型万用表。

(3) 材料　HZ10—10/3 型组合开关 1 只。

1.1.6 操作工艺要点

1. 元器件的清点与测量

1) 按材料清单清点元器件，并妥善保管。
2) 用万用表检测元器件。

2. 组合开关的拆卸

1) 卸下手柄上的螺母，取下手柄。
2) 卸下外壳左右两端的螺母，取下顶盖。
3) 取下弹簧，取下绝缘垫板。
4) 取下静触头上的接线柱。
5) 从支架上取下动触头。

3. 组合开关的装配

按拆卸的逆顺序进行。

4. 组合开关的检查

1) 检查手柄转动是否灵活。
2) 检查静触头是否完好无损。
3) 手柄转动 90°，用万用表电阻挡测量 3 对触头是否能够正常关断和接通。

注意事项

1) 在使用时，组合开关转换次数一般不超过 15～20 次/h。
2) 应经常检查开关固定螺钉是否松动，以免导线压接松动，造成外部连接点放电、打火、烧蚀或断路。
3) 检查组合开关时，应注意检查开关内部的动静触片接触情况，以免造成内部起弧烧蚀。
4) 由于组合开关的通断能力较低，故不能用来分断故障电流。当用于控制电动机作可逆运转时，必须在电动机完全停止转动后，才允许反向接通。
5) 当操作频率过高或负载功率因数较低时，组合开关要降低功率使用，否则会影响开关寿命。

1.1.7 任务单

任务单见表 1-3。

表 1-3　任务单

任务名称	拆卸、装配和维护组合开关	学时		班级	
学生姓名		学生学号		任务成绩	
实训材料与仪表	参阅 1.1.5 节	实训场地		日期	
任务内容	拆卸、装配和维护 HZ10—10/3 型组合开关				
任务目的					
(一) 资讯					

（续）

资讯问题：
资讯引导：《机床电器与可编程序控制器》 作者：姚永刚 出版社：机械工业出版社
（二）决策与计划
（三）实施
（四）检查（评价）

1.1.8 考核标准

考核标准见表1-4。

表1-4 考核标准

序号	工作过程	主要内容	评分标准	配分	学生（自评）		教师	
					扣分	得分	扣分	得分
1	资讯 （10分）	任务相关 知识查找	查找相关知识学习，该任务知识能力掌握度达到60%，扣5分	10				
			查找相关知识学习，该任务知识能力掌握度达到80%，扣2分					
			查找相关知识学习，该任务知识能力掌握度达到90%，扣1分					
2	决策、 计划 （10分）	确定方案、 编写计划	制定整体设计方案，在实施过程中修改一次，扣2分	10				
			制定实施方法，在实施过程中修改一次，扣2分					

（续）

序号	工作过程	主要内容	评分标准	配分	学生（自评）		教师	
					扣分	得分	扣分	得分
3	实施 (10分)	记录实施过程步骤	实施过程中，步骤记录不完整度达到10%，扣2分	10				
			实施过程中，步骤记录不完整度达到20%，扣3分					
			实施过程中，步骤记录不完整度达到40%，扣5分					
4	检查 评价 (60分)	元件测试	不会用仪表检测元件质量好坏，扣2分	7				
			仪表使用方法不正确，扣5分					
		元件拆卸、装配	拆卸步骤及方法不正确，扣3分	23				
			拆装不熟练，扣2分					
			丢失零部件，每件扣2分					
			损坏零部件，每件扣2分					
			装配步骤不正确，每处扣2分					
			装配后手柄转动不灵活，扣2分					
		调试	不能进行通电校验，扣5分	15				
			检验的方法不正确，扣5分					
			检验结果不正确，扣5分					
		调试效果	使用时达不到元件绝对完好，扣7分	15				
			灵活度较低，扣8分					
5	职业规范、 团队合作 (10分)	安全文明生产	违反安全文明操作规程，扣3分	3				
		组织协调与合作	团队合作较差，小组不能配合完成任务，扣3分	3				
		交流与表达能力	不能用专业语言正确流利简述任务成果，扣4分	4				
			合计	100				

学生自评总结

教师评语

学生签字　　　　　　　　　　　　　　　教师签字

　　　　　　　　　　　年　月　日　　　　　　　　　　　　年　月　日

1.1.9 知识能力测试

1. 填空

（1）低压开关主要用于＿＿＿＿＿＿电源，也可用于不频繁地接通和分断低压供电线路。这类电器主要包括刀开关、＿＿＿＿＿＿开关和低压断路器等。

（2）＿＿＿＿＿＿开关又称为瓷底胶盖开关，俗称＿＿＿＿＿＿开关。生产中常用的是 HK 系列开启式负荷开关，适用于照明、电热设备及＿＿＿＿＿＿电路中，供手动不频繁地接通和分断电路，并起短路保护作用。

（3）用于电动机电路的组合开关的额定电流一般取电动机额定电流的＿＿＿＿＿＿倍。

2. 判断

（1）HZ10—10/3 型组合开关的两对静触头分别装在 3 层绝缘垫板上。（ ）

（2）用于照明或电热电路的组合开关的额定电流应小于被控制电路中各负载电流的总和。（ ）

（3）开启式负荷开关设有专门的灭弧装置，其刀式动触头和静触头易被电弧灼伤引起接触不良，因此不宜用于操作频繁的电路。（ ）

（4）组合开关的绝缘垫板可以一层层组合起来，并按不同的方式配置触头，从而满足不同的控制要求。（ ）

（5）低压断路器在电路发生短路、过载和失压等故障时，能自动切断故障电路。（ ）

3. 问答

（1）组合开关有哪些常见故障？排除方法有哪些？

（2）如何选用低压断路器？

4. 简述

根据文中介绍的方法，简单叙述如何对 HZ10—25/3 型组合开关进行拆卸和装配。

任务 1.2　熔　断　器

教学目的

知识能力：熟悉熔断器的外形和技术参数。

技能能力：掌握熔断器的选用。

社会能力：培养学生分析问题、解决问题的能力；培养学生的沟通能力及团队协作精神。

> 知识能力

熔断器是低压配电网络和电力拖动系统中主要用于短路保护的电器，使用时串联在被保护的电路中。当电路发生短路故障，通过熔断器的电流达到或超过某一规定值时，熔断器可以其自身产生的热量使熔体熔断，从而自动分断电路，起到保护作用。它具有结构简单、价格便宜、动作可靠、使用维护方便等优点，因而得到了广泛的应用。

熔断器主要由熔体、安装熔体的熔管和熔座 3 部分组成。熔体的材料通常有两种，一种是由铅、铅锡合金或锌等低熔点材料制成，多用于小电流电路；另一种是由银、铜等较高熔点的金属制成，多用于大电流电路。

熔断器按结构形式分为半封闭插入式熔断器、螺旋式熔断器、无填料封闭管式熔断器和有填料封闭管式熔断器及快速熔断器。下面介绍几种常见的熔断器系列。

1.2.1 RC1A 系列插入式熔断器的外形和结构

RC1A 系列插入式熔断器的外形和结构如图 1-8 所示。该熔断器由瓷座、瓷盖、动触头、静触头和熔体 5 部分组成；主要用于交流 50Hz、额定电压 380V 及以下、额定电流 200A 及以下的低压线路的末端或分支电路中，提供电气设备的短路保护及一定程度的过载保护。

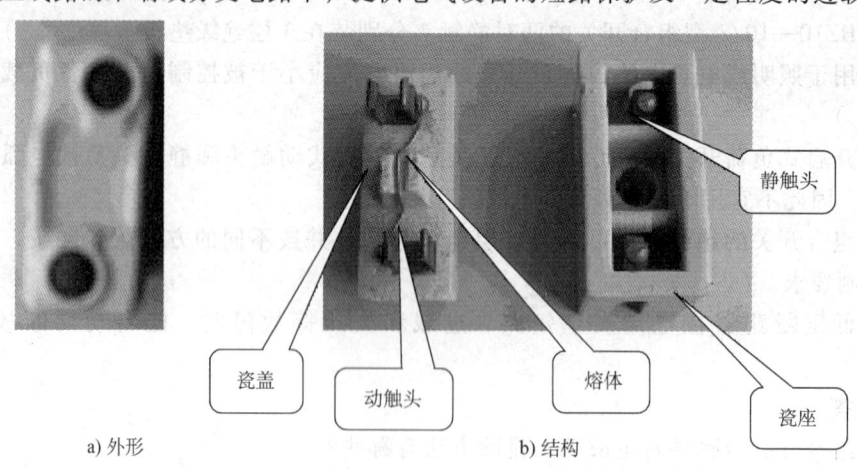

图 1-8 RC1A 系列插入式熔断器的外形结构

1.2.2 RL1 系列螺旋式熔断器的外形和结构

RL1 系列螺旋式熔断器的外形和结构如图 1-9 所示，RL1 系列螺旋式熔断器主要由瓷帽、熔断管、瓷套、上接线座、下接线座及瓷座等部分组成，它属于有填料封闭管式熔断器。

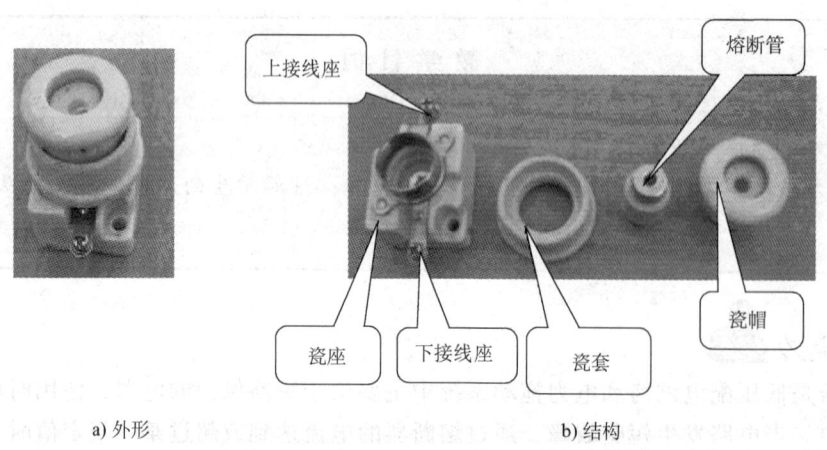

图 1-9 RL1 系列螺旋式熔断器的外形和结构

1.2.3 其他熔断器

其他常见的熔断器还有 RT 系列熔断器、RM10 系列有填料、无填料封闭管式熔断器和快速熔断器。RM10 系列无填料封闭管式熔断器主要由熔断管、熔体、夹头及夹座等部分组成。它适用于交流 50Hz、额定电压 380V 或直流 440V 及以下电压等级的动力网络和成套配电设备中，作为导线、电缆及较大容量的电气设备的短路和连续过载保护。快速熔断器又称为半导体保护用熔断器，主要用于半导体功率元器件的过电流保护。它的结构简单、使用方便，动作灵敏可靠。目前常用的快速熔断器有 RS0、RS3、RLS2 等系列。

1.2.4 熔断器的型号及电气图形和文字符号

1. 熔断器的型号和意义

熔断器的型号和意义如下：

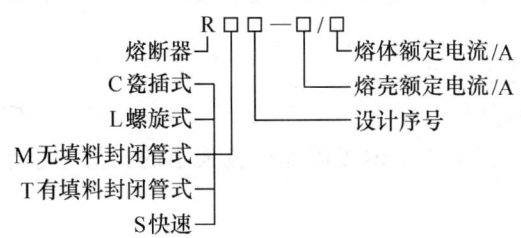

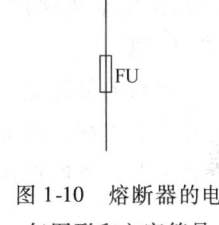

图 1-10 熔断器的电气图形和文字符号

2. 熔断器的电气图形和文字符号

熔断器的电气图形和文字符号如图 1-10 所示。

1.2.5 熔断器的主要技术参数

（1）额定电压　额定电压是指熔断器（熔管）长期工作时以及分断后能够承受的电压值，其值一般大于或等于电气设备的额定电压。

（2）额定电流　额定电流指熔断器（熔管）长期通过的、不超过允许温升的最大工作电流值。

（3）熔体的额定电流　熔体的额定电流指长期通过熔体而使其不熔断的最大电流值。

（4）熔体的熔断电流　熔体的熔断电流指通过熔体并使其熔断的最小电流值。

（5）极限分断能力　极限分断能力指熔断器在故障条件下，能够可靠地分断电路的最大短路电流值。

RC1A 系列、RL1 系列熔断器的主要技术参数分别见表 1-5 和表 1-6。

表 1-5　RC1A 系列熔断器的主要技术参数

型号	额定电压/V	熔壳额定电流/A	熔体额定电流/A	极限分断能力/kA
RC1A—5		5	1、2、3、5	
RC1A—10		10	2、4、6、10	
RC1A—15		15	6、10、15	
RC1A—30	380	30	15、20、25、30	0.5~3
RC1A—60		60	30、40、50、60	
RC1A—100		100	60、80、100	
RC1A—200		200	100、120、150、200	

表 1-6　RL1 系列熔断器的主要技术参数

型号	熔壳额定电流/A	熔体额定电流/A	极限分断能力/kA	
			380V	500V
RL1—15	15	2、4、6、10、15	2	2
RL1—60	60	20、25、30、35、40、50、60	5	3.5
RL1—100	100	60、80、100	—	20
RL1—200	200	100、125、150、200		50

1.2.6　熔断器与熔体的选择

1. 熔断器的选择

1) 应根据使用场合选择熔断器的类型。电网配电一般用无填料封闭管式或有填料封闭管式熔断器；电动机保护一般用螺旋式熔断器；照明电路一般用瓷插式熔断器；保护晶闸管则应选快速熔断器。

2) 熔断器的额定电压应大于或等于电路工作电压。

3) 熔断器的额定电流应大于或等于电路负载电流。

4) 电路上、下两级都设熔断器保护时，其上、下两级熔体电流大小的比值不小于 1.6:1。

2. 熔体的选择

1) 对于电阻性负载（如电炉、照明电路），熔断器可用于过载和短路保护，熔体的额定电流应大于或等于负载的额定电流。

2) 对于电感性负载的电动机电路，熔断器的熔体只用于短路保护而不宜用于过载保护。

3) 对于单台电动机保护，熔体的额定电流 I_{RN} 应不小于电动机额定电流 I_N 的 1.5~2.5 倍，即 $I_{RN} \geq (1.5 \sim 2.5) I_N$。轻载起动或起动时间较短时系数可取在 1.5 附近；带负载起动、起动时间较长或起动较频繁时，系数可取 2.5。

4) 对于多台电动机保护，熔体的额定电流 I_{RN} 按下式确定：

$$I_{RN} \geq (1.5 \sim 2.5) I_{Nmax} + \Sigma I_N$$

式中，I_{Nmax} 为最大电动机额定电流；ΣI_N 为其余同时使用电动机的额定电流之和。

1.2.7　熔断器的使用及维护

1) 应正确选用熔体和熔断器。有分支电路时，分支电路的熔体额定电流应比前一级小 2~3 级；对不同性质的负载，如照明电路、电动机电路的主电路和控制电路等，应尽量分别保护，装设单独的熔断器。

2) 安装螺旋式熔断器时，必须注意将电源线接到瓷座的下接线座，以保证安全。

3) 为瓷插式熔断器安装熔丝时，熔丝应顺着螺钉旋紧的方向绕过去，同时应注意不要划伤熔丝，也不要把熔丝绷紧，以免减小熔丝截面尺寸或插断熔丝。

4) 更换熔体时应切断电源，并应换上相同额定电流的熔体，不能随意加大熔体。

1.2.8　熔断器的常见故障分析

熔断器的常见故障分析见表 1-7。

表1-7 熔断器的常见故障分析

故障现象	可能原因	排除方法
电动机起动瞬间熔体即熔断	1. 熔体安装时受机械损伤 2. 熔体规格太小 3. 被保护的电动机短路 4. 有一相电源发生断路	1. 更换新的熔体 2. 更换合适的熔体 3. 检查线路，找出故障点并排除 4. 检查熔断器及被保护电路，找出断路点并排除
熔体未熔断，电路不通	1. 熔体或连接线接触不良 2. 紧固螺钉松脱	1. 旋紧熔体或将接线牢固 2. 找出松动处，并将螺钉或螺母旋紧
熔断器过热	1. 接线螺钉松动，导线接触不良 2. 接线螺钉锈死，压不紧线 3. 熔体规格太小，负载过重 4. 环境温度过高	1. 拧紧螺钉 2. 更换螺钉、垫圈 3. 换用较大规格熔体 4. 改善环境条件
瓷绝缘件破损	1. 产品质量不合格 2. 外力破坏 3. 操作时用力过猛 4. 过热引起	1. 停电更换 2. 停电更换 3. 停电更换，注意操作手法 4. 查明原因，排除故障

技能能力

1.2.9 工作任务描述

有一台三相异步电动机功率为12kW，额定电流为25.3A，额定电压为380V，需要短路保护，试选择合适的熔断器，并进行维护。

1.2.10 工具、仪表及材料

（1）工具　螺钉旋具。

（2）仪表　MF47型万用表。

（3）材料　RC1A—10、RC1A—15、RC1A—30型瓷插式熔断器，RL1—15、RL1—30型螺旋式熔断器，RM10系列无填料封闭管式熔断器，RT系列有填料封闭管式熔断器各1只。丝状熔体（额定电流为20A、25A、30A）各100cm，熔管（额定电流为10A、15A、20A、25A、30A、35A）各1只。

1.2.11 操作工艺要点

1. 熔断器的选择

1）依据环境要求，选择RL1系列螺旋式熔断器。

2）根据电动机短路保护技术要求，选择型号为RL1—60/30A的熔断器（额定电压为380V）。

2. 熔断器的拆卸

1）拧开瓷帽，取下瓷帽。在拧开瓷帽时，要用手按住瓷座。

2）取下熔体，注意不要使上端红色指示器脱落。

3. 熔断器的检查

1) 检查熔断器有无破裂、损伤或变形现象，瓷绝缘部分有无破损。
2) 检查熔断器的实际负载大小，看是否与熔体的额定值相匹配。
3) 检查熔断器接触是否紧密，有无过热现象。
4) 检查熔体有无氧化、腐蚀或损伤，必要时应及时更换。
5) 检查熔体是否有短路、断路及发热变色现象。

4. 装配

按拆卸的逆顺序进行。

 注意事项

1) 安装前，应检查熔断器的额定电压是否大于或等于电路的额定电压，熔断器的额定分断能力是否大于电路中预期的短路电流，熔体的额定电流是否小于或等于熔断器额定电流。
2) 安装螺旋式熔断器时，熔断器的下接线座的接线端应在上方，并与电源线连接。
3) 使熔体指示器（色点）朝向观察窗。

1.2.12 任务单

任务单见表 1-8。

表 1-8 任务单

任务名称	熔断器的选用和维护	学时		班级	
学生姓名		学生学号		任务成绩	
实训材料与仪表	参阅 1.2.10 节	实训场地		日期	
任务内容	参阅 1.2.9 节					
任务目的					
（一）资讯					
资讯问题： 资讯引导：1.《机床电器自动控制》　　作者：陈远龄　　出版社：重庆大学出版社 　　　　　　2.《高低压电器实用技术问答》　作者：方大千等　出版社：人民邮电出版社					
（二）决策与计划					
（三）实施					
（四）检查（评价）					

1.2.13 考核标准

考核标准见表1-9。

表1-9 考核标准

序号	工作过程	主要内容	评分标准	配分	学生（自评）		教师	
					扣分	得分	扣分	得分
1	资讯 （10分）	任务相关知识查找	查找相关知识学习，该任务知识能力掌握度达到60%，扣5分	10				
			查找相关知识学习，该任务知识能力掌握度达到80%，扣2分					
			查找相关知识学习，该任务知识能力掌握度达到90%，扣1分					
2	决策计划 （10分）	确定方案、编写计划	制定整体设计方案，在实施过程中修改一次，扣2分	10				
			制定实施方法，在实施过程中修改一次，扣2分					
3	实施 （10分）	记录实施过程步骤	实施过程中，步骤记录不完整度达到10%，扣2分	10				
			实施过程中，步骤记录不完整度达到20%，扣3分					
			实施过程中，步骤记录不完整度达到40%，扣5分					
4	检查评价 （60分）	元件测试	不会用仪表检测元件质量好坏，扣2分	7				
			仪表使用方法不正确，扣5分					
		元件拆卸、装配	拆卸步骤及方法不正确，扣3分	23				
			拆装不熟练，扣2分					
			丢失零部件，每件扣2分					
			损坏零部件，每件扣2分					
			装配步骤不正确，每处扣2分					
			装配后瓷帽不平整，扣2分					
		调试	不能进行通电校验，扣5分	15				
			检验的方法不正确，扣5分					
			检验结果不正确，扣5分					
		调试效果	使用时达不到元件绝对完好 扣7分	15				
			通电后出现接触不良，扣8分					

（续）

序号	工作过程	主要内容	评分标准	配分	学生（自评）		教师	
					扣分	得分	扣分	得分
5	职业规范、团队合作（10分）	安全文明生产	违反安全文明操作规程，扣3分	3				
		组织协调与合作	团队合作较差，小组不能配合完成任务，扣3分	3				
		交流与表达能力	不能用专业语言正确流利简述任务成果，扣4分	4				
合计				100				
学生自评总结								
教师评语								
学生签字			年 月 日	教师签字			年 月 日	

1.2.14 知识能力测试

1. 填空

（1）熔断器是低压配电网络和电力拖动系统中主要用于_____保护的电器。使用时_____在被保护的电路中，当电路发生短路故障，通过熔断器的电流达到或超过某一规定值时，熔断器以其自身产生的热量使熔体熔断，从而自动分断电路，起到保护作用。

（2）熔断器主要由_____、安装熔体的_____和_____3部分组成。

（3）RC1A系列插入式熔断器的结构由瓷座、_____、动触头、_____和熔丝5部分组成。

2. 判断

（1）熔体的材料通常有两种，一种是由铅、铅锡合金或锌等低熔点材料制成，多用于小电流电路，另一种是由银、铜等较高熔点的金属制成，多用于大电流电路。（ ）

（2）RL1系列螺旋式熔断器主要由瓷帽、熔断管、瓷套、上接线座及下接线座等部分组成。（ ）

（3）熔断器的额定电流指熔断器（熔壳）长期通过的、超过允许温升的最小工作电流值。（ ）

（4）熔断器的极限分断能力指熔断器在故障条件下，能够可靠地分断电路的最大短路电流值。（ ）

3. 问答

(1) 熔断器的选择方法有哪些?

(2) 熔体的选择方法有哪些?

4. 简述

有一台三相异步电动机功率为 14kW，额定电流为 25A，额定电压为 380V，需要短路保护，试简述熔断器的选用及维护过程。

任务1.3 接 触 器

教 学 目 的

知识能力：熟悉交流接触器的外形和基本结构，掌握交流接触器的选用。

技能能力：掌握交流接触器的拆卸与装配工艺。

社会能力：培养学生分析问题、解决问题的能力；培养学生的沟通能力及团队协作精神。

▶ 知识能力

接触器是一种自动的电磁式开关，适用于远距离频繁地接通或断开交、直流主电路及大功率控制电路。它不仅能实现远距离自动操作和欠电压释放保护功能，还具有控制功率大、工作可靠、操作效率高、使用寿命长等优点，在电力拖动系统中得到了广泛的应用。

我国常用的交流接触器有 CJ0、CJ10、CJ12 和 CJ20 等系列以及引进国外先进技术生产的 B 系列、3TB 系列等。CJ、3TB、B 系列交流接触器的外形如图 1-11 所示。

a) CJ系列　　　　　　　　　b) 3TB系列　　　　　　　c) B系列

图 1-11　交流接触器外形

1.3.1　交流接触器的结构及工作原理

1. 交流接触器的结构

交流接触器的结构和工作原理如图 1-12 所示。交流接触器主要由以下 4 个部分组成：

(1) 电磁机构　电磁机构由线圈、衔铁（动铁心）和铁心（静铁心）等组成。它能产生电磁吸力，驱使触头动作。铁心头部平面上都装有短路环，目的是消除交流电磁铁在吸合时可能产生的衔铁振动和噪声。当交变电流过零时，电磁铁的吸力为零，衔铁被释放；但当

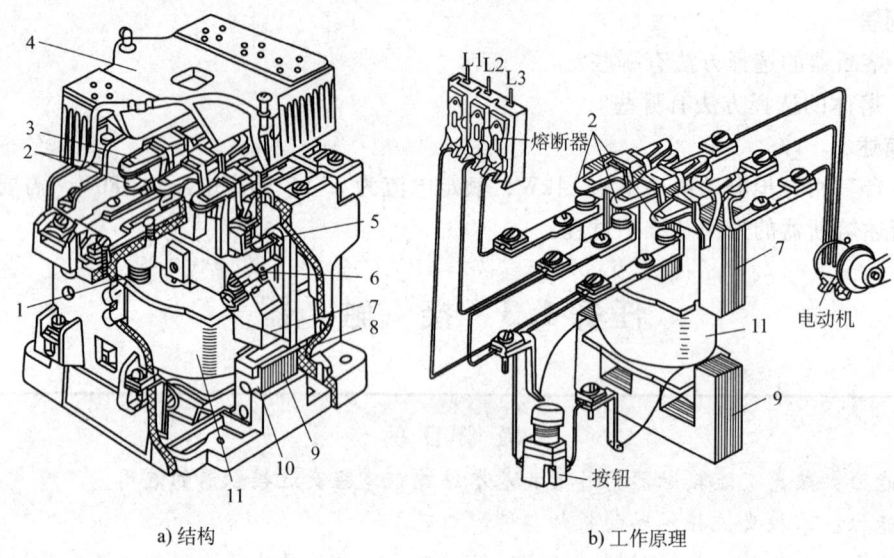

图 1-12 交流接触器的结构和工作原理
1—反作用弹簧 2—主触头 3—触头压力弹簧 4—灭弧罩 5—辅助常闭触头
6—辅助常开触头 7—动铁心 8—缓冲弹簧 9—静铁心
10—短路环 11—线圈

交变电流过了零值后,衔铁又被吸合。这样一放一吸,就会导致衔铁发生振动。当装上短路环后,在其中产生感应电流,就能阻止交变电流过零时磁场的消失,使衔铁与铁心之间始终保持一定的吸力,因此消除了振动现象。

(2) 触头系统 包括主触头和辅助触头。主触头用于接通和分断主电路,通常为3对常开触头。辅助触头用于控制电路,起电气联锁作用,故又称联锁触头,一般有常开、常闭触头各两对。在线圈未通电时(即平常状态下),处于相互断开状态的触头叫常开触头,又叫动合触头;处于相互接触状态的触头叫常闭触头,又叫动断触头。接触器中的常开和常闭触头是联动的:当线圈通电时,所有的常闭触头先行分断,然后所有的常开触头跟着闭合;当线圈断电时,在反力弹簧的作用下,所有触头都恢复原来的平常状态。

(3) 灭弧罩 额定电流在 20A 以上的交流接触器,通常都设有陶瓷灭弧罩。它的作用是迅速切断触头在分断时所产生的电弧,减少电弧对触头的损伤,避免触头发生熔焊现象。

(4) 其他部分 包括反作用弹簧、触头压力弹簧、缓冲弹簧、短路环等。反作用弹簧的作用是当线圈断电时使衔铁和触头复位;触头压力弹簧的作用是增大触头闭合时的力,从而增大触头接触面积,避免因接触电阻增大而产生的触头烧毛现象;缓冲弹簧可以吸收衔铁被吸合时产生的冲击力,起保护底座的作用。

2. 交流接触器的工作原理

当线圈通电后,线圈中电流产生的磁场使铁心产生电磁吸力,将衔铁吸合。衔铁带动动触头动作。使常闭触头断开,常开触头闭合。当线圈断电时,电磁吸力消失,衔铁在反作用弹簧的作用下释放,各触头随之复位。

1.3.2 交流接触器的型号与主要技术参数

1. 交流接触器的型号和意义

交流接触器的型号和意义如下：

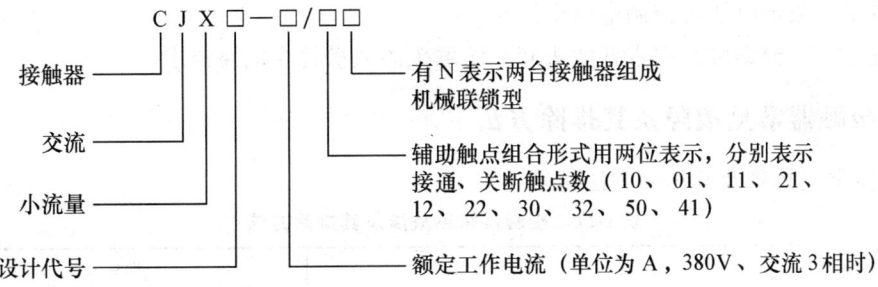

2. 交流接触器的电气图形和文字符号

交流接触器的电气图形和文字符号如图1-13所示。

3. 交流接触器的主要技术参数

（1）额定电压　交流接触器铭牌上的额定电压是指主触头的额定电压。交流电压的等级有127V、220V、380V和500V。

（2）额定电流　交流接触器铭牌上的额定电流是指主触头的额定电流。交流电流的等级有5A、10A、20A、40A、60A、100A、150A、250A、400A和600A。

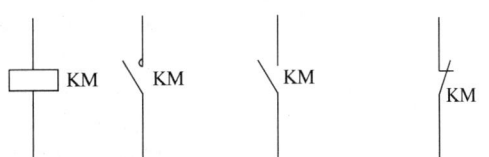

a) 线圈　b) 主触头　c) 辅助常开触头　d) 辅助常闭触头

图1-13　交流接触器的电气图形和文字符号

（3）线圈的额定电压　交流电压的等级有36V、110V、127V、220V和380V。

CJ20系列交流接触器的技术参数见表1-10。

表1-10　CJ20系列交流接触器的技术参数

型　号	频率/Hz	辅助触头额定电流/A	线圈电压/V	主触头额定电流/A	额定电压/V	可控制电动机最大功率/kW
CJ20—10	50	5	交流36、110、127 220、380	10	380/220	4/2.2
CJ20—16				16	380/220	7.5/4.5
CJ20—25				25	380/220	11/5.5
CJ20—40				40	380/220	22/11
CJ20—63				63	380/220	30/18
CJ20—100				100	380/220	50/28
CJ20—160				160	380/220	85/48
CJ20—250				250	380/220	132/80
CJ20—400				400	380/220	220/115

1.3.3 接触器的选择

接触器的选择主要考虑如下因素：

1）依据负载电流性质决定接触器的类型，即直流负载选用直流接触器，交流负载选用交流接触器。

2）接触器主触头额定电压大于等于电路工作电压。

3）接触器主触头额定电流略大于等于负载额定电流。
4）线圈的额定电压与控制电路电压相一致。
5）主触头与辅助触头中常开触头和常闭触头的数量符合电路需求。

1.3.4 接触器常见故障及其排除方法

接触器常见故障及其排除方法见表1-11。

表1-11 接触器常见故障及其排除方法

常见故障	可能原因	排除方法
通电后不能闭合	1. 线圈断线或烧毁 2. 动铁心或机械部分卡住 3. 转轴生锈或歪斜 4. 操作回路电源容量不足 5. 弹簧压力过大	1. 修理或更换线圈 2. 调整零件位置，消除卡住现象 3. 除锈上润滑油，或更换零件 4. 增加电源容量 5. 调整弹簧压力
通电后动铁心不能完全吸合	1. 电源电压过低 2. 触头压力弹簧和反作用弹簧压力过大 3. 触头超程过大	1. 调整电源电压 2. 调整弹簧压力或更换弹簧 3. 调整触头超程
电磁铁噪声过大或发生振动	1. 电源电压过低 2. 弹簧压力过大 3. 铁心极面有污垢或磨损过度而不平 4. 短路环断裂 5. 铁心夹紧螺栓松动，铁心歪斜或机械卡住	1. 调整电源电压 2. 调整弹簧压力 3. 清除污垢、修整极面或更换铁心 4. 更换短路环 5. 拧紧螺栓，排除机械故障
接触器动作缓慢	1. 动、静铁心间的间隙过大 2. 弹簧压力过大 3. 线圈压力不足 4. 安装位置不正确	1. 调整机械部分，减少间隙 2. 调整弹簧压力 3. 调整线圈电压 4. 重新安装
断电后接触器不释放	1. 触头压力弹簧压力过小 2. 动铁心或机械部分被卡住 3. 铁心剩磁过大 4. 触头熔焊在一起 5. 铁心极面有油污或尘埃	1. 调整弹簧压力或更换弹簧 2. 调整零件位置、消除卡住现象 3. 退磁或更换铁心 4. 修理或更换触头 5. 清理铁心极面
线圈过热或烧毁	1. 弹簧压力过大 2. 线圈额定电压、频率或通电持续率等与使用条件不符 3. 操作频率过高 4. 线圈匝间短路 5. 运动部分卡住 6. 环境温度过高 7. 空气潮湿或腐蚀性气体 8. 交流铁心极面不平	1. 调整弹簧压力 2. 更换线圈 3. 更换接触器 4. 更换线圈 5. 排除卡住现象 6. 改变安装位置或采用降温措施 7. 采取防潮、防腐蚀措施 8. 清除极面或更换铁心

（续）

常见故障	可能原因	排除方法
触头过热或灼伤	1. 触头弹簧压力过小 2. 触头表面有油污或表面高低不平 3. 触头的超行程过小 4. 触头的断开能力不够 5. 环境温度过高或散热不好	1. 调整弹簧压力 2. 清理触头表面 3. 调整超行程或更换触头 4. 更换接触器 5. 接触器降低功率使用
触头熔焊在一起	1. 触头弹簧压力过小 2. 触头断开能力不够 3. 触头开断次数过多 4. 触头表面有金属颗粒突起或异物 5. 负载侧短路	1. 调整弹簧压力 2. 更换接触器 3. 更换触头 4. 清理触头表面 5. 排除短路故障，更换触头
相间短路	1. 可逆转的接触器联锁不可靠，致使两个接触器同时投入运行而造成相间短路 2. 接触器动作过快，发生电弧短路 3. 尘埃或油污使绝缘变坏 4. 零件损坏	1. 检查电气联锁与机械联锁 2. 更换动作时间较长的接触器 3. 经常清理保持清洁 4. 更换损坏零件

➢ 技能能力

1.3.5 工作任务描述

拆卸、装配和维护CJ20系列交流接触器。

1.3.6 工具、仪表及材料

（1）工具　螺钉旋具、电工刀、尖嘴钳、钢丝钳等。
（2）仪表　MF47型万用表、5050型绝缘电阻表。
（3）材料　CJ0—10、CJ0—16、CJ0—25、CJ0—40型交流接触器各1只。

1.3.7 操作工艺要点

1. 交流接触器的拆卸

1）卸下灭弧罩紧固螺钉，取下灭弧罩。
2）拉紧主触头定位弹簧夹，取下主触头及触头压力弹簧。拆卸主触头时必须将主触头侧转45°后取下。
3）松开辅助常开静触头的线桩螺钉，取下常开静触头。
4）松开交流接触器底部的盖板螺钉，取下盖板。松开盖板螺钉时，要用手按住螺钉并慢慢放松。
5）取下静铁心缓冲绝缘纸片及静铁心。
6）取下静铁心支架及缓冲弹簧。
7）拔出线圈接线端的弹簧夹片，取下线圈。

8) 取下反作用弹簧。

9) 取下衔铁和支架。

10) 从支架上取下动铁心定位销。

11) 取下衔铁及缓冲绝缘纸片。

2. 交流接触器的检查

1) 检查灭弧罩有无破裂或烧损，清除灭弧罩内的金属飞溅物和颗粒。

2) 检查触头的磨损程度，磨损严重时应更换触头。若不需更换，则清除触头表面上烧毛的颗粒。

3) 清除铁心端面的油垢，检查铁心有无变形及端面接触是否平整。

4) 检查触头压力弹簧及反作用弹簧是否变形或弹力不足，如有需要则更换弹簧。

触头压力的测量与调整：将一张厚约 0.1mm，比触头稍宽的纸条夹在触头间，使触头处于闭合状态，用手拉动纸条。若触头压力合适，稍用力纸条便可拉出；若纸条很容易被拉出，则说明触头压力不够；若纸条被拉断，则说明触头压力过大，可调整或更换触头弹簧，直到符合要求。

5) 检查线圈是否有短路、断路及发热变色现象。

6) 用万用表电阻挡检查线圈及各触头是否良好；用绝缘电阻表测量各触头间及主触头对地电阻是否符合要求；用手按动主触头检查运动部分是否灵活，以防产生接触不良、振动和噪声。

3. 交流接触器的装配

装配按拆卸的逆顺序进行。

 注意事项

1) 拆卸过程中，应备有盛放零件的容器，以免丢失零件。

2) 拆装过程中不允许硬撬，以免损坏电器。装配辅助静触头时，要防止卡住动触头。

3) 通电校验时，接触器应固定在控制板上，并有教师监护，以确保用电安全；通电校验过程中，要均匀、缓慢地改变调压变压器的输出电压，以使测量结果尽量准确。

1.3.8 任务单

任务单见表 1-12。

表 1-12 任务单

任务名称	拆卸、装配和维护交流接触器	学时		班级	
学生姓名		学生学号		任务成绩	
实训材料与仪表	参阅 1.3.6 节	实训场地		日期	
任务内容	拆卸、装配和维护 CJ20 系列交流接触器				
任务目的					
(一) 资讯					
资讯问题：					
资讯引导：《电工基本操作技能训练》作者：杜德昌　　出版社：高等教育出版社					

(续)

(二）决策与计划
（三）实施
（四）检查（评价）

1.3.9 考核标准

考核标准见表1-13。

表1-13 考核标准

序号	工作过程	主要内容	评分标准	配分	学生（自评）		教师	
					扣分	得分	扣分	得分
1	资讯（10分）	任务相关知识查找	查找相关知识学习，该任务知识能力掌握度达到60%，扣5分	10				
			查找相关知识学习，该任务知识能力掌握度达到80%，扣2分					
			查找相关知识学习，该任务知识能力掌握度达到90%，扣1分					
2	决策计划（10分）	确定方案、编写计划	制定整体设计方案，在实施过程中修改一次，扣2分	10				
			制定实施方法，在实施过程中修改一次，扣2分					
3	实施（10分）	记录实施过程步骤	实施过程中，步骤记录不完整度达到10%，扣2分	10				
			实施过程中，步骤记录不完整度达到20%，扣3分					
			实施过程中，步骤记录不完整度达到40%，扣5分					

(续)

序号	工作过程	主要内容	评分标准	配分	学生（自评）		教师	
					扣分	得分	扣分	得分
4	检查评价（60分）	元件测试	不会用仪表检测元件质量好坏，扣2分	7				
			仪表使用方法不正确，扣5分					
		元件拆卸、装配	拆卸步骤及方法不正确，扣3分	23				
			拆装不熟练，扣2分					
			丢失零部件，每件扣2分					
			损坏零部件，每件扣2分					
			装配步骤不正确，每处扣2分					
			装配后动铁心吸、断不灵活，扣2分					
		调试	不能进行通电校验，扣5分	15				
			检验的方法不正确，扣5分					
			检验结果不正确，扣5分					
		调试效果	使用时达不到元件绝对完好，扣7分	15				
			不能动作，扣8分					
5	职业规范、团队合作（10分）	安全文明生产	违反安全文明操作规程，扣3分	3				
		组织协调与合作	团队合作较差，小组不能配合完成任务，扣3分	3				
		交流与表达能力	不能用专业语言正确流利简述任务成果，扣4分	4				
	合计			100				

学生自评总结

教师评语

学生签字		教师签字		
	年 月 日			年 月 日

1.3.10 知识能力测试

1. 填空

（1）接触器是一种自动的_____开关，适用于远距离频繁地_____交、直流主电路及大功率控制电路。

（2）接触器能实现远距离自动操作和欠电压_____功能。

（3）交流接触器主要由_____、_____、_____和_____ 4 个部分组成。

（4）接触器铭牌上的额定电流是指_____的额定电流。

2. 判断

（1）接触器铭牌上的额定电压是指主触头的额定电压。（　　）

（2）接触器线圈的额定交流电压等级有：36V、110V、133V、260V 和 380V。（　　）

（3）灭弧罩的作用是迅速切断触头在分断时所产生的电弧，以避免发生触头烧毛或熔焊。（　　）

（4）接触器触头系统包括主触头和辅助触头。（　　）

（5）一般接触器有两对常开辅助触头和两对辅助常闭触头。（　　）

3. 问答

（1）交流接触器的工作原理是什么？

（2）如何选择交流接触器？

4. 简述

根据文中介绍的方法，简单叙述如何对 CJ20 系列交流接触器进行拆卸、装配和维护。

任务 1.4　热 继 电 器

> **教 学 目 的**
> 知识能力：熟悉热继电器的外形和基本结构。
> 技能能力：掌握热继电器的选用、拆卸与装配工艺。
> 社会能力：培养学生分析问题、解决问题的能力；培养学生的沟通能力及团队协作精神。

▶ **知识能力**

热继电器是利用电流的热效应对电动机或其他电气设备进行过载保护的控制电器，主要用于电动机的过载保护、断相保护、电流不平衡运行的保护及其他电气设备发热状态的控制。

热继电器的形式有多种，其中双金属片式应用最多。按极数划分，热继电器可分为单极、两极和三极 3 种。按复位方式分，有自动复位式和手动复位式。

目前我国常用的热继电器有 JR16、JR20 等系列以及引进的 T 系列、3UA 等系列产品，均为双金属片式，T、3UA、JR16 系列热继电器的外形如图 1-14 所示。

1.4.1　热继电器的结构及工作原理

1. 热继电器的结构

JR16 系列热继电器的外形和结构如图 1-15 所示。

热继电器主要由热元件、双金属片、触头等组成。双金属片是热继电器的测量元件，它

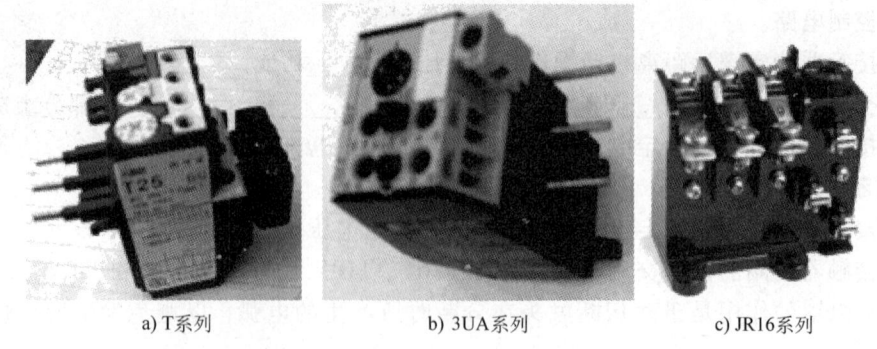

a) T系列　　　　　　b) 3UA系列　　　　　　c) JR16系列

图 1-14　热继电器外形

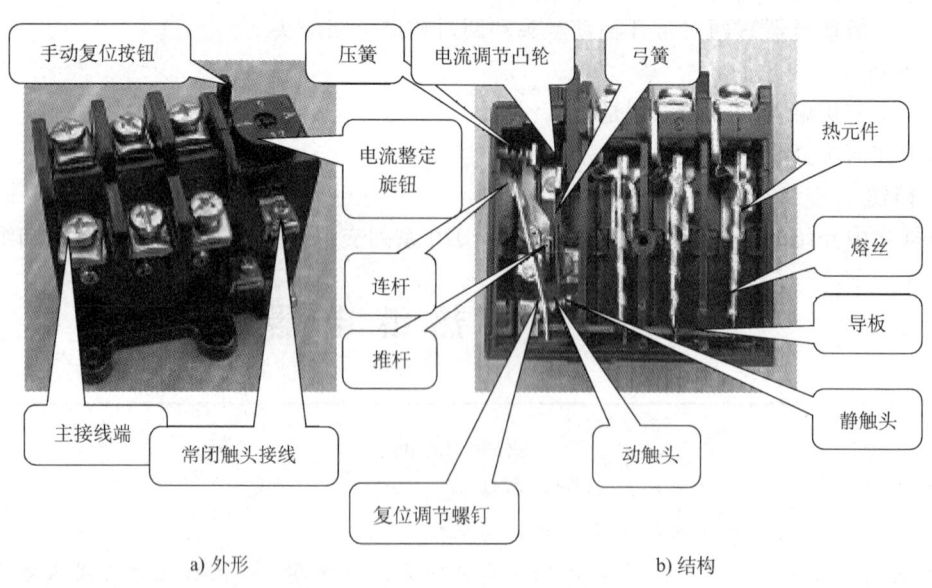

a) 外形　　　　　　　　　　　　　　b) 结构

图 1-15　JR16 系列热继电器的外形和结构

是由两种具有不同线膨胀系数的金属通过机械辗压制成，线膨胀系数大的称为主动层，小的称为被动层。加热双金属片的方式有 4 种：双金属片直接加热、热元件间接加热、复合式加热和电流互感器加热。

2. 热继电器的工作原理

图 1-16 是热继电器的结构原理。热元件 3 串接在电动机定子绕组中，电动机绕组电流即为流过热元件的电流。当电动机正常运行时，热元件产生的热量虽能使双金属片 2 弯曲，但还不足以使继电器动作。当电动机过载时，热元件产生的热量增大，使双金属片弯曲位移增大，经过一定时间后，双金属片弯曲到推动导板 4，并通过补偿双金属片 5 与推杆 14 将触头 9 和 6 分开，触头 9 和 6 为热继电器串于接触器线圈回路的常闭触头，断开后使接触器失电，接触器的常开触头断开电动机的电源以保护电动机。调节旋钮 11 是一个偏心轮，它与支撑件 12 构成一个杠杆，转动偏心轮，改变它的半径即可改变补偿双金属片 5 与导板 4 接触的距离，因而达到调节整定动作电流的目的。此外，靠调节复位螺钉 8 来改变常开触头 7 的位置使热继电器能工作在手动复位和自动复位两种工作状态。手动复位时，在故障排除后要按下按钮 10 才能使触头恢复与静触头 6 相接触的位置。

热继电器采用发热元件,其反时限动作特性能比较准确地模拟电动机的发热过程与温升,确保了电动机的安全。值得一提的是,由于热继电器具有热惯性,不能瞬时动作,故不能用于短路保护。

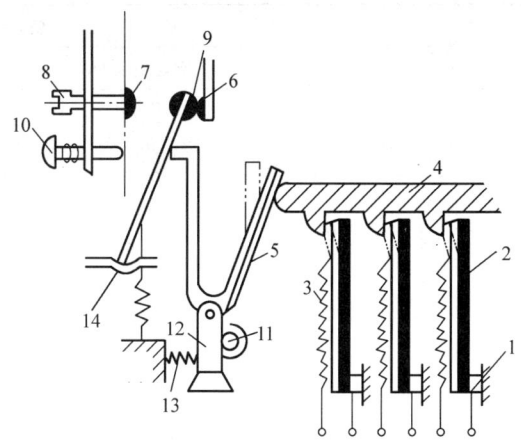

图 1-16　热继电器的结构原理

1.4.2　热继电器的型号与电气图形及文字符号

1. 热继电器的型号和意义

热继电器的型号和意义如下:

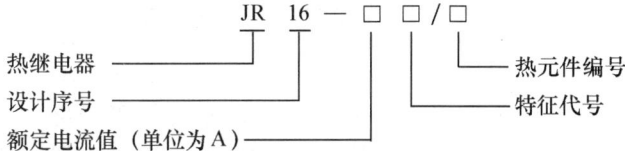

2. 热继电器的电气图形及文字符号

电气图形及文字符号如图 1-17 所示。

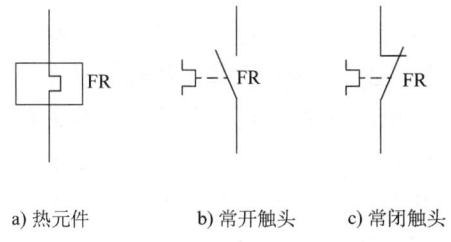

a) 热元件　　　b) 常开触头　　　c) 常闭触头

图 1-17　电气图形及文字符号

1.4.3　热继电器的主要技术参数

(1) 热继电器的额定电流　它是指热继电器中,可以安装的热元件的最大整定电流值。

(2) 热元件的额定电流　它是指热元件的最大整定电流值。

(3) 热继电器的整定电流　它是指热元件能够长期通过而不致引起热继电器动作的最大电流值。通常热继电器的整定电流是按电动机的额定电流整定的。对于采用某一热元件的热继电器,手动调节整定电流旋钮,通过偏心轮机构调整双金属片与导板的距离,能在一定范围内调节其电流的整定值，使热继电器更好地保护电动机。

JR16 系列热继电器的主要参数见表 1-14。

表 1-14 JR16 系列热继电器的主要参数

型　号	额定电流/A	热元件规格	
		额定电流/A	电流调节范围/A
JR16—20/3 JR16—20/3D	20	0.35 0.5 0.72 1.1 1.6 2.4 3.5 5.0 7.2 11 16 22	0.25~0.35 0.32~0.5 0.45~0.72 0.68~1.1 1.0~1.6 1.5~2.4 2.2~3.5 3.2~5.0 4.5~7.2 6.8~11 10~16 14~22
JR60—60/3 JR60—60/3D	60 60	22 32 45 63	14~22 20~32 28~45 45~63
JR16—150/3 JR16—150/3D	150	63 85 120 160	40~63 53~85 75~120 100~160

1.4.4　热继电器的选用

热继电器选用是否得当，直接影响着对电动机进行过载保护的可靠性。选用时通常应按电动机型式、工作环境、起动情况及负载情况等方面综合考虑。

1）原则上热继电器的额定电流等级一般略大于电动机的额定电流。热继电器选定后，再根据电动机的额定电流调整热继电器的整定电流，使整定电流与电动机的额定电流相等。

2）一般情况下可选用两相结构的热继电器。对于电网电压均衡性较差、无人看管的电动机，大功率电动机或共用一组熔断器的电动机，宜选用三相结构的热继电器。

3）双金属片式热继电器一般用于轻载、不频繁起动电动机的过载保护。

1.4.5　热继电器的正确使用及维护

1）热继电器的额定电流等级不多，但其发热元件编号很多，每一种编号都有一定的电流整定范围。在使用时应使发热元件的电流整定范围中间值与保护电动机的额定电流值相等，再根据电动机运行情况，通过调节旋钮去调节整定值。

2）对于重要设备，一旦热继电器动作后，必须待故障排除后方可重新起动电动机，应采用手动复位方式；若电气控制柜距操作地点较远，且从工艺上又容易看清过载情况，则可采用自动复位方式。

3) 热继电器应和被保护电动机周围介质的温度尽量相同，否则会破坏已调整好的配合情况。

4) 热继电器必须按照产品说明书中规定的方式安装。当与其他电器装在一起时，应将热继电器置于其他电器下方，以免其动作特性受其他电器发热的影响。

5) 使用中应定期去除尘埃和污垢并定期进行通电，校验其动作特性。

1.4.6 热继电器的常见故障及其排除方法

热继电器的常见故障及其排除方法见表1-15。

表1-15 热继电器的常见故障及其排除方法

常见故障	可能原因	排除方法
热继电器误动作	1. 电流整定值偏小 2. 电动机起动时间太长 3. 操作频率过高 4. 连接导线太细	1. 调整整定值 2. 按电动机起动时间要求选择合适的继电器 3. 减少操作频率，或更换热继电器 4. 选择合适的标准导线
热继电器不动作	1. 电流整定值偏大 2. 热元件烧断或脱焊 3. 动作机构卡住 4. 进出线脱头	1. 调整电流值 2. 更换热元件 3. 检修动作机构 4. 重新焊好
热元件烧断	1. 负载短路 2. 操作频率过高	1. 排除故障，更换热元件 2. 减少操作频率，更换热元件或热继电器
热继电器的主电路不通	1. 热元件烧断 2. 热继电器的接线螺钉未拧紧	1. 更换热元件或热继电器 2. 拧紧螺钉
热继电器的控制电路不通	1. 调整旋钮或调整螺钉转到不合适位置，以至触头被顶开 2. 触头烧坏或动触头杆的弹性消失	1. 重新调整到合适位置 2. 修理或更换新的触头或动触头杆

▶ 技能能力

1.4.7 工作任务描述

有一台交流三相异步电动机功率为5kW，额定电流为10.3A，额定电压为380V，采用星形联结，现需用过载保护。试选择JR16系列热继电器型号，并进行调整和维护。

1.4.8 工具、仪表及材料

(1) 工具　螺钉旋具、尖嘴钳等。

(2) 仪表　MF47型万用表。

(3) 材料　JR16—13/3D、JR16—13/3、JR16—20/3D、JR16—40/3型热继电器各1只。

1.4.9 操作工艺要点

1. 热继电器的选择

1）根据工作环境和电动机型式选择 JR16—13/3D 型热继电器,整定电流范围为 0.25 ~ 0.35A。

2）手动调节整定电流旋钮,调节其电流的整定值为 25.5A。

2. 热继电器的检查

1）检查接线和螺钉是否牢固可靠,动作机构是否灵活、正常。

2）检查热继电器整定电流是否符合要求。

3. 热继电器的安装

1）热继电器必须按产品使用说明书的规定进行安装。当与其他电器装在一起时,应装在其他电器的下方,以免其动作特性受到其他电器发热的影响。

2）热继电器的连接导线应符合规定要求。

3）安装时,应清除触头表面等部位的尘垢,以免影响继电器的动作性能。

注意事项

1）使用中应定期清除污垢。双金属片上的锈斑可用布蘸汽油轻轻擦拭。

2）应定期检查热继电器的零部件是否完好、有无松动和损坏现象,可动部件有无卡碰现象等,发现问题及时修复。

3）应定期清除触头表面的锈斑和毛刺,当触头严重磨损至其原厚度的 1/3 时,应及时更换。

4）热继电器的整定电流应与电动机的情况相适应。若发现热继电器经常提前动作,则可适当提高整定值;若发现电动机温升较高,而热继电器动作滞后,则应适当降低整定值。

5）热继电器动作后,必须对电动机和设备状况进行检查,为防止热继电器再次脱扣,一般采用手动复位。若其动作原因是电动机过载所致,则应采用自动复位。

6）对于易发生过载的场合,一般采用自动复位。

7）应定期校验热继电器的动作特性。

1.4.10 任务单

任务单见表 1-16。

表 1-16 任务单

任务名称	热继电器的选用、拆卸与装配	学时		班级	
学生姓名		学生学号		任务成绩	
实训材料与仪器	参阅 1.4.8 节	实训场地		日期	
任务内容	根据具体电路所需的过载保护要求,选择合适的热继电器并对该热继电器进行调整与维护				
任务目的					
(一)资讯					
资讯问题:					
资讯引导:《电工基本操作技能训练》 作者:杜德昌 出版社:高等教育出版社					

(续)

(二) 决策与计划
(三) 实施
(四) 检查（评价）

1.4.11 考核标准

考核标准见表1-17。

表1-17 考核标准

序号	工作过程	主要内容	评分标准	配分	学生（自评）		教师	
					扣分	得分	扣分	得分
1	资讯 (10分)	任务相关知识查找	查找相关知识学习，该任务知识能力掌握度达到60%，扣5分	10				
			查找相关知识学习，该任务知识能力掌握度达到80%，扣2分					
			查找相关知识学习，该任务知识能力掌握度达到90%，扣1分					
2	决策计划 (10分)	确定方案、编写计划	制定整体设计方案，在实施过程中修改一次，扣2分	10				
			制定实施方法，在实施过程中修改一次，扣2分					
3	实施 (10分)	记录实施过程步骤	实施过程中，步骤记录不完整度达到10%，扣2分	10				
			实施过程中，步骤记录不完整度达到20%，扣3分					
			实施过程中，步骤记录不完整度达到40%，扣5分					

（续）

序号	工作过程	主要内容	评分标准	配分	学生（自评）		教师	
					扣分	得分	扣分	得分
4	检查评价（60分）	元件测试	不会用仪表检测元件质量好坏，扣2分 仪表使用方法不正确，扣5分	7				
		元件拆卸、装配	拆卸步骤及方法不正确，扣3分 拆装不熟练，扣2分 丢失零部件，每件扣2分 损坏零部件，每件扣2分 装配步骤不正确，每处扣2分 装配后动作机构不灵活，扣2分	23				
		调试	不能进行通电校验，扣5分 检验的方法不正确，扣5分 检验结果不正确，扣5分	15				
		调试效果	使用时达不到元件绝对完好，扣7分 调整参数不合适，扣8分	15				
5	职业规范、团队合作（10分）	安全文明生产	违反安全文明操作规程，扣3分	3				
		组织协调与合作	团队合作较差，小组不能配合完成任务，扣3分	3				
		交流与表达能力	不能用专业语言正确流利简述任务成果，扣4分	4				
			合计	100				

学生自评总结

教师评语

学生签字

教师签字

年　月　日

年　月　日

1.4.12 知识能力测试

1. 填空

（1）热继电器主要用于电动机的_____保护、_____保护、_____的保护及其他电气设备发热状态的控制。

（2）按极数划分，热继电器可分为_____、_____和三极3种。按复位方式分，有自动复位式和手动复位式。

（3）热元件的额定电流是指热元件的_____。

2. 判断

（1）热继电器是利用电流的热效应对电动机或其他电气设备进行过载保护的控制电器。（　　）

（2）由于热继电器具有热惯性，不能瞬时动作，故能用作短路保护。（　　）

（3）热继电器的额定电流是指热继电器中，可以安装的热元件的最大整定电流值。（　　）

（4）调整热继电器双金属片与导板的距离，能在一定范围内调节其电流的整定值，使热继电器更好地保护电动机。（　　）

3. 问答

（1）热继电器的选用方法有哪些？

（2）热继电器的正确使用及维护方法有哪些？

4. 简述

简单叙述热继电器的常见故障及其排除方法。

任务 1.5　时间继电器

> **教学目的**
>
> 知识能力：熟悉时间继电器的外形、基本结构和工作原理。
> 技能能力：熟悉时间继电器的选用、调整和维护。
> 社会能力：培养学生分析问题、解决问题的能力；培养学生的沟通能力及团队协作精神。

▶ **知识能力**

继电器的感受部分在感受外界信号后，经过一段时间才能使执行部分动作的继电器，叫做时间继电器。即时间继电器的吸引线圈通电或断电以后，其触头经过一定延时以后再动作，以控制电路的接通或分断。

时间继电器的种类很多，主要有空气阻尼式、直流电磁式、电动式、电子式等几大类。延时方式有通电延时和断电延时两种。

1.5.1　空气阻尼式时间继电器

1. 空气阻尼式时间继电器的结构及工作原理

空气阻尼式时间继电器又称气囊式时间继电器,是利用气囊中的空气通过小孔节流的原理来获得延时动作的。根据触头延时的特点,可分为通电延时动作型和断电延时复位型两种。常见的型号有 JS7—A 系列。

JS7—A 系列时间继电器的外形和结构如图 1-18 所示。它主要由电磁系统、触头系统、空气室、传动机构和基座组成。这种继电器有通电延时与断电延时两种类型。

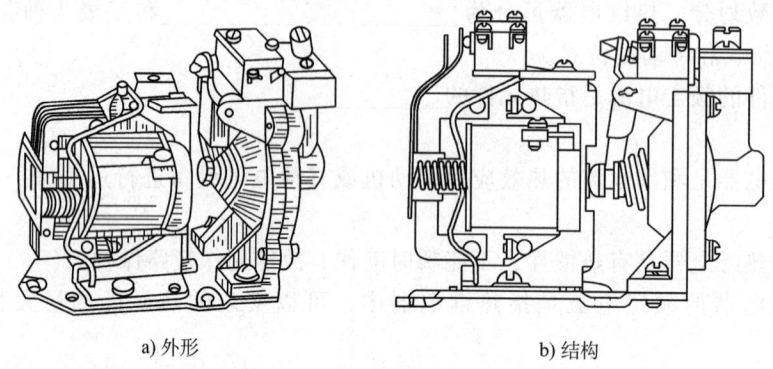

a) 外形　　　　　　　　　b) 结构

图 1-18　JS7—A 系列时间继电器的外形和结构

通电延时型继电器的原理如图 1-19a 所示,当通电延时型时间继电器的电磁铁线圈 1 通电后,将衔铁 4 吸下,于是顶杆 6 与衔铁间出现一个空隙,当与顶杆相连的活塞在弹簧 7 作用下由上向下移动时,在橡皮膜上面形成空气稀薄的空间(气室),空气由进气孔逐渐进入气室,活塞因受到空气的阻力,不能迅速下降,由此形成延时效果,在降到一定位置时,杠杆 15 使触头 14 动作(常开触头闭合,常闭触头断开)。当线圈断电时,弹簧使衔铁和活塞等复位,空气经橡皮膜与顶杆 6 之间推开的气隙迅速排出,触点瞬时复位。JS7—A 系列空气阻尼式时间继电器延时时间有 0.4~180s 和 0.4~60s 两种规格。

如果将通电延时型时间继电器的电磁机构翻转 180°安装即成为断电延时型时间继电器,如图 1-19b 所示。

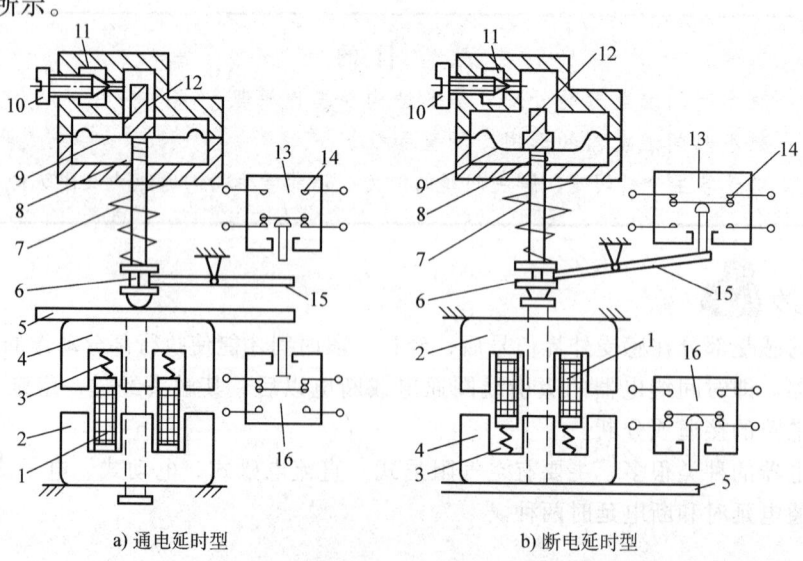

a) 通电延时型　　　　　　　　　b) 断电延时型

图 1-19　空气阻尼式时间继电器的结构

1—线圈　2—静铁心　3、7、8—弹簧　4—衔铁　5—推板　6—顶杆　9—橡皮膜
10—螺钉　11—进气孔　12—活塞　13、16—微动开关　14—延时触头　15—杠杆

空气阻尼式时间继电器的延时范围大、结构简单、寿命长、价格低,但延时误差大,难以精确地整定延时值,且延时值易受周围环境温度、尘埃等的影响。因此,对延时精度要求较高的场合不宜采用空气阻尼式时间继电器,应采用电子式时间继电器。

2. 空气阻尼式时间继电器的型号及意义

空气阻尼式时间继电器的型号及意义如下:

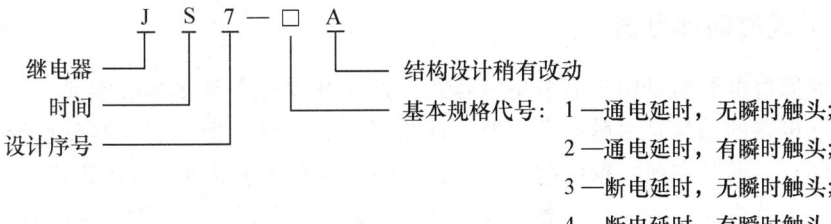

3. 空气阻尼式时间继电器的主要技术参数

JS7—A型空气阻尼式时间继电器的技术数据见表1-18。

表1-18 JS7—A型空气阻尼式时间继电器的技术数据

型号	触头		延时触头对数				瞬时动作触头数量		线圈电压/V	延时范围/s
	额定电压/V	额定电流/A	通电延时		断电延时					
			常开	常闭	常开	常闭	常开	常闭		
JS7—1A	380	5	1	1	—	—	—	—	AC36、127、220、380	0.4~60及0.4~80
JS7—2A			1	1	—	—	1	1		
JS7—3A			—	—	1	1	—	—		
JS7—4A			—	—	1	1	1	1		

4. 空气阻尼式时间继电器的常见故障及其排除方法

空气阻尼式时间继电器的常见故障及其排除方法见表1-19。

表1-19 空气阻尼式时间继电器的常见故障及其排除方法

故障现象	产生原因	修理方法
延时触头不动作	1. 电磁铁线圈断线 2. 电源电压低于线圈额定电压很多	1. 更换线圈 2. 更换线圈或调高电源电压
延时时间缩短	1. 气室装配不严,有漏气现象 2. 气室内橡皮膜损坏	1. 修理或调换气室 2. 调换橡皮薄膜
延时时间变长	气室内有灰尘,使气道阻塞	清除气室内灰尘,使气道畅通

1.5.2 直流电磁式时间继电器

直流电磁式时间继电器是采用阻尼的方法来延缓磁通变化的速度,以达到延时目的的时间继电器,具有结构简单、运行可靠、寿命长、允许通电次数多等优点。但它仅适用于直流电路,延时时间较短,一般通电延时时间仅为0.1~0.5s,而断电延时时间可达0.2~10s。因此,直流电磁式时间继电器主要用于断电延时。

1.5.3 电动式时间继电器

电动式时间继电器由同步电动机、减速齿轮机构、电磁离合系统及执行机构组成,它的延时时间长(可达数十小时)、延时精度高,但结构复杂、体积较大,常用的有 JS10、JS11 系列和 7PR 系列。

1.5.4 电子式时间继电器

电子式时间继电器的早期产品多是阻容式,近期开发的产品多为数字式,又称计数式。电子式时间继电器的结构是由脉冲发生器、计数器、数字显示器、放大器及执行机构组成,具有延时时间长、调节方便、精度高的优点,有的还带有数字显示,应用很广,可取代阻容式、空气式、电动机式等时间继电器。该类时间继电器只有通电延时型,延时触头均为延时闭合触头,无延时断开触头及瞬时动作触头。

1.5.5 电气图形及文字符号

时间继电器的电气图形及文字符号如图 1-20 所示。

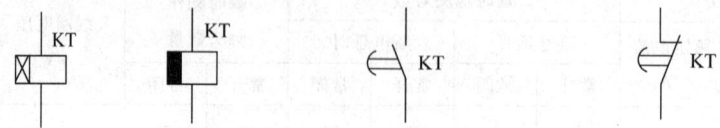

a) 通电延时线圈　b) 断电延时线圈　c) 延时闭合瞬时断开常开触头　d) 延时断开瞬时闭合常闭触头

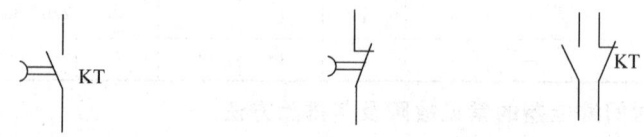

e) 瞬时闭合延时断开常开触头　　f) 瞬时断开延时闭合常闭触头　　g) 瞬时触头

图 1-20　时间继电器的电气图形及文字符号

1.5.6 时间继电器的选择

1) 时间继电器的延时方式有通电延时型和断电延时型两种,因此选用时应确定采用哪种延时方式更便于组成控制电路。

2) 凡对延时精度要求不高的场合,一般宜采用价格较低的直流电磁式(电磁式)或空气阻尼式(气囊式)时间继电器;若对延时精度要求很高,则宜采用电动式或电子式时间继电器。

3) 应注意电源参数变化的影响。例如,在电源电压波动大的场合,采用空气阻尼式或电动式比采用电子式好;而在电源频率波动大的场合,则不宜采用电动机式时间继电器。

4) 应注意环境温度变化的影响。通常在环境温度变化较大处,不宜采用空气阻尼式和电子式时间继电器。

5) 对操作频率也要加以注意。因为操作频率过高不仅会影响电气寿命,还可能导致延时误动作。

▶ 技能能力

1.5.7 工作任务描述

1) 时间继电器触头修整。

2) JS7—2A 通电延时型时间继电器调整（调整时间：3s±1s）。

3) JS7—4A 断电延时型时间继电器调整（调整时间：3s±1s）。

1.5.8 工具、仪表、材料和电器元件

(1) 工具　螺钉旋具、电工刀、尖嘴钳、钢丝钳等。

(2) 仪表　MF47 型万用表。

(3) 材料　BVR-1.5 mm² 导线。

(4) 电器元件　JS7—2A 空气阻尼式时间继电器、HK1—30/3 开启式负荷开关、RL1—15/2 熔断器各 1 只；LA10—3H 按钮 1 只；指示灯（红、黄、绿，3 种颜色自定）3 只（220V、15A）。

1.5.9 操作工艺要点

1. 时间继电器触头修整

1) 松下延时或瞬时微动开关的紧固螺钉，并取下微动开关。

2) 用力均匀地慢慢撬开微动开关盖板，取下微动开关盖板。

3) 小心取下动触头及附件，要防止用力过猛而丢失小弹簧和薄垫片。

4) 进行触头修整。整修时，不允许用砂纸或其他磨研材料，而应使用锋利的刀刃或细锉修平。然后用手指直接接触触头或用油类润滑，以免沾污触头。整修的触头应做到接触良好，若无法修复触头应调换新触头。

5) 按拆卸的逆顺序进行装配。

6) 手动检查微动开关的分合是否瞬间动作，触头接触是否良好。

2. JS7—2A 型通电延时型时间继电器调整

1) JS7—2A 型时间继电器触头修整。

2) 检查时间继电器延时和瞬时触头的动作，将其调整到最佳位置上。

3) 调整延时触点时，可旋紧线圈和铁心总成部件的安装螺钉，向上或向下移动后再旋紧。

4) 调整瞬时触点时，可旋松安装瞬时微动开关底板上螺钉，将微动开关向上或向下移动后再旋紧。

5) 旋紧各安装螺钉，进行手动检查，若达不到要求需重新调整。

6) 将时间继电器调到 3s 位置，进行检查。

7) 将调整好的时间继电器按照图 1-

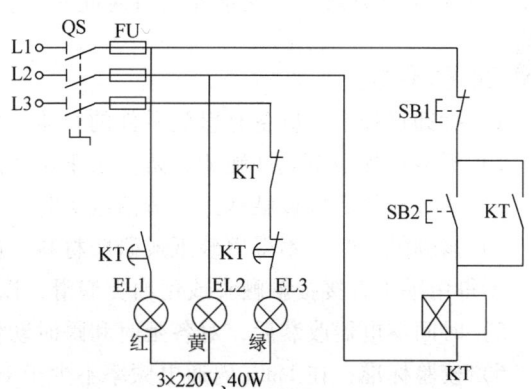

图 1-21　JS7—2A 型时间继电器调整电路

21 连接。

8）合上组合开关 QS，黄灯和绿灯亮。

9）按下 SB2，黄灯不变，绿灯熄灭，延时 3s 后，红灯亮，黄灯和绿灯都不变；按下 SB1，红灯立刻熄灭，绿灯亮。

10）保持延时时间不变，在 1min 内通电 15 次，观察各触头是否工作良好，吸合时无噪声，铁心释放无延缓，每次动作延时时间一致。

3. JS7—2A 型时间继电器的触头修整及改装成 JS7—4A 型

1）松下线圈支架紧固螺钉，取下线圈和铁心总成部件。

2）将总成部件沿水平方向旋转 180°，然后重新旋上紧固螺钉。

3）观察各延时和瞬时触头动作情况，使其调整在最佳位置上。

4）旋紧各按钮紧固螺钉后，进行受力动作复检，若未达到重新调整。

5）将时间继电器调到 3s 位置，进行检查。

6）按电路图（见图 1-22）进行连接。

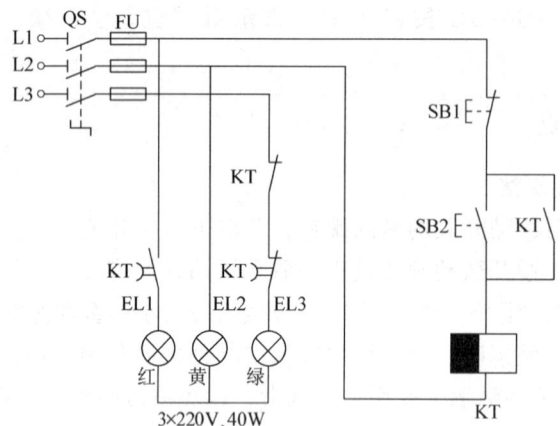

图 1-22 将 JS7—2A 型时间继电器改装成 JS7—4A 型

7）合上组合开关 QS，黄灯和绿灯亮。

8）按下 SB2，绿灯灭，红灯亮，黄灯不亮；按下 SB1，黄灯状态不变，3s 后红灯灭，绿灯亮。

9）保持延时时间不变，在 1min 内通电 15 次，观察各触头是否工作良好，吸合时无噪声，铁心释放无延缓，每次动作延时时间一致。

注意事项

1）拆卸过程中，应备有盛放零件的容器，以免丢失零件。

2）拆装过程中不允许硬撬，防止由于用力过猛而丢失小弹簧和薄膜垫片。

3）触头修整后应接触良好。清洁触头时，可以用四氯化碳或汽油清洗。

4）修理触头时，不得用砂纸或研磨材料，应该使用锋利的刀刃或细锉修平，用净布擦净，不得用手指直接接触触头或用油类润滑，以免沾污触头。

5）时间继电器改装后，对各延时和瞬时动作的触头必须重新进行调整。

6）校验标准：在 1min 内通电频率不少于 10 次，各触头动作良好。

1.5.10 任务单

任务单见表1-20。

表1-20 任务单

任务名称	时间继电器调整		学时		班级	
学生姓名			学生学号		任务成绩	
实训材料与仪器	参阅1.5.8节		实训场地		日期	
任务内容	JS7—2A通电延时型时间继电器调整					
任务目的						
(一) 资讯							
资讯问题： 资讯引导：《维修电工技能》　　作者：周万平　出版社：中国劳动社会保障出版社					
(二) 决策与计划					
(三) 实施					
(四) 检查（评价）					

1.5.11 考核标准

考核标准见表1-21。

表1-21 考核标准

序号	工作过程	主要内容	评分标准	配分	学生（自评）		教师	
					扣分	得分	扣分	得分
1	资讯 （10分）	任务相关 知识查找	查找相关知识学习，该任务知识能力掌握度达到60%，扣5分 查找相关知识学习，该任务知识能力掌握度达到80%，扣2分 查找相关知识学习，该任务知识能力掌握度达到90%，扣1分	10				

（续）

序号	工作过程	主要内容	评分标准	配分	学生（自评）		教师	
					扣分	得分	扣分	得分
2	决策计划（10分）	确定方案、编写计划	制定整体设计方案，在实施过程中修改一次，扣2分	10				
			制定实施方法，在实施过程中修改一次，扣2分					
3	实施（10分）	记录实施过程步骤	实施过程中，步骤记录不完整度达到10%，扣2分	10				
			实施过程中，步骤记录不完整度达到20%，扣3分					
			实施过程中，步骤记录不完整度达到40%，扣5分					
4	检查评价（60分）	元件测试	不会用仪表检测元器件质量好坏，扣2分	7				
			仪表使用方法不正确，扣5分					
		元件拆卸、装配	拆卸步骤及方法不正确，扣3分	23				
			拆装不熟练，扣2分					
			丢失零部件，每件扣2分					
			损坏零部件，每件扣2分					
			装配步骤不正确，每处扣2分					
			装配后微动开关不灵活，扣2分					
		调试	不能进行通电校验，扣5分	15				
			检验的方法不正确，扣5分					
			检验结果不正确，扣5分					
		调试效果	使用时达不到元件绝对完好，扣7分	15				
			时间灵敏度较低，扣8分					
5	职业规范、团队合作（10分）	安全文明生产	违反安全文明操作规程，扣3分	3				
		组织协调与合作	团队合作较差，小组不能配合完成任务，扣3分	3				
		交流与表达能力	不能用专业语言正确流利简述任务成果，扣4分	4				
合计				100				

学生自评总结

(续)

教师评语		
学生签字 年　月　日	教师签字 年　月　日	

1.5.12　知识能力测试

1. 填空

（1）时间继电器的种类很多，主要有直流电磁式、_____、电动式、_____等几大类。延时方式有_____和断电延时两种。

（2）直流电磁式时间继电器是用阻尼的方法来延缓磁通变化的速度，以达到_____的时间继电器。

（3）电动式时间继电器由_____、减速齿轮机构、_____及执行机构组成。

2. 判断

（1）凡对延时精度要求不高的场合，一般宜采用价格较低的直流电磁式（电磁式）或空气阻尼式（气囊式）时间继电器。（　　）

（2）时间继电器整修时，允许用砂纸或其他磨研材料，不应使用锋利的刀刃或细锉修平。（　　）

（3）时间继电器修整的触头应做到接触良好，若无法修复触点应调换新触头。（　　）

（4）时间继电器拆装过程中不允许硬撬，防止由于用力过猛而丢失小弹簧和薄膜垫片。（　　）

3. 问答

（1）时间继电器的选择方法有哪些？

（2）空气阻尼式时间继电器的常见故障及其排除方法有哪些？

4. 简述

简单叙述时间继电器触头的修整方法。

模块 2　基本控制电路的安装与调试

任务 2.1　点动正转控制电路的安装与调试

教学目的

知识能力：掌握按钮的结构、工作原理和选用；掌握点动正转控制电线的工作原理。

技能能力：掌握点动正转控制电线的安装与调试。

社会能力：培养学生分析问题、解决问题的能力；培养学生的沟通能力及团队协作精神。

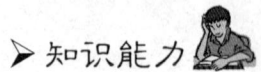 知识能力

2.1.1　按钮

按钮是一种手动操作接通或分断小电流控制电路的主令电器。一般情况下它不直接控制主电路的通断，主要利用按钮远距离发出手动指令或信号去控制接触器、继电器等电磁装置，实现主电路的分合、功能转换或电气联锁。

1. 按钮的结构

按钮的结构一般都是由按钮帽、复位弹簧、桥式动触头、静触头、外壳及支柱连杆等组成。按钮按静态时触头分合状况，可分为常开按钮（起动按钮）、常闭按钮（停止按钮）及复合按钮（常开、常闭组合为一体的按钮）。按钮开关的结构如图 2-1 所示。

另外，根据不同需要，可将单个按钮组成双联按钮、三联按钮或多联按钮，用于电动机的起动、停止及正转、反转、制动的控制。有的也可将若干按钮集中安装在一块控制板上，以实现集中控制，称为按钮站。常用按钮如图 2-2 所示。

按钮帽不同的颜色和符号标志是用来区分功能及作用的，便于操作人员识别，避免误操作。

按钮帽操作部分除常见的直上、直下的操作形式外，还有旋钮、自锁钮、钥匙钮等。旋钮分两位置、三位置、自复式 3 种。

2. 按钮的技术数据、按钮颜色代表的意义和常用中英文按钮标牌名称对照

按钮的技术数据见表 2-1。

按钮颜色代表的意义见表 2-2。

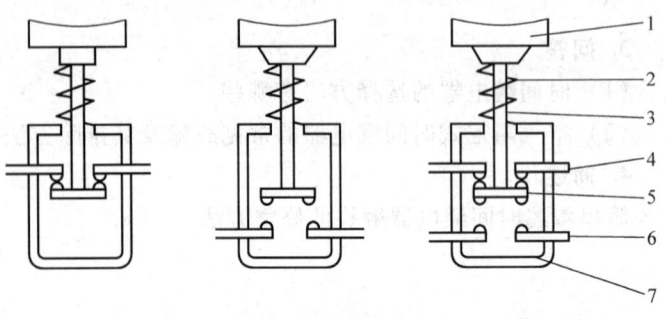

图 2-1　按钮的结构

1—按钮帽　2—复位弹簧　3—支柱连杆　4—常闭静触头
5—桥式动触头　6—常开静触头　7—外壳

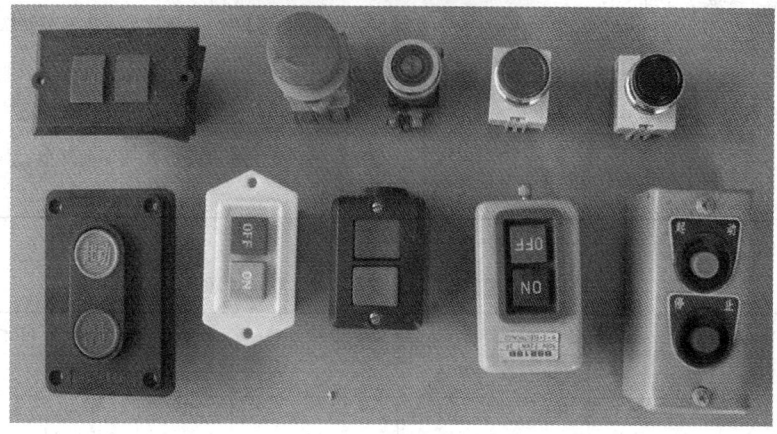

图 2-2 常用按钮

表 2-1 按钮的技术数据

型号	额定电压 /V	额定电流 /A	结构形式	触头对数 常开	触头对数 常闭	钮数	按钮 颜色
LA10—1			开启式 保护式	1	1	1	黑、绿、红
LA10—1K				1	1	1	黑、绿、红
LA10—2K				2	2	2	黑、红或绿、红
LA10—3K				3	3	3	黑、绿、红
LA10—1H				1	1	1	
LA10—2H				2	2	2	黑、红或绿、红
LA10—3H				3	3	3	黑、绿、红
LA10—1S			防水式	1	1	1	
LA10—2S				2	2	2	黑、红或绿、红
LA10—3S				3	3	3	黑、绿、红
LA10—2F	DC500 AC440	5	防腐式	2	2	2	黑、红或绿、红
LA18—22				2	2	1	
LA18—44				4	4	1	红、绿、黑、白
LA18—66				6	6	1	
LA18—22J			紧急式 钥匙式	2	2	1	
LA18—44J				4	4	1	红
LA18—66J				6	6	1	
LA18—22Y				2	2	1	
LA18—44Y				4	4	1	金属
LA18—66Y				6	6	1	
LA18—22X2			旋钮两位置	2	2	1	黑
LA18—22X3			旋钮三位置	2	2	1	

表 2-2 按钮颜色代表的意义

颜色	代 表 意 义	典 型 用 途
红	停止、开断	一台或多台电动机的停止，机器设备的一部分停止运行，磁力吸盘或电磁铁断电停止周期性运行
	紧急停止	紧急开断，防止危险性过热的开断
绿或黑	起动、工作、点动	控制电路励磁辅助功能的一台或多台电动机开始起动，机器设备的一部分起动，励磁吸盘装置或电磁铁点动或缓行
黄	返回的起动、移动出界、正常工作循环或移动一开始去抑止危险情况	在机械已完成一个循环的始点，机械元件返回；按黄色按钮的功能可取消预置的功能
白或蓝	以上颜色所未包括的特殊功能	与工作循环无直接关系的其他辅助功能，如控制保护继电器的复位

常用中英文按钮标牌名称对照见表 2-3。

表 2-3 常用中英文按钮标牌名称对照

序号	标牌名称 英文	标牌名称 中文	序号	标牌名称 英文	标牌名称 中文
1	ON	通	14	RESET	复位
2	OFF	断	15	LIP	上升
3	START	起动	16	DOWN	下降
4	STOP	停止	17	OPEN	开
5	INCH	点动	18	CLOSE	关
6	RUN	运转	19	LEFT	左
7	FORWARO	正转（向前）	20	RIGHT	右
8	REVERSE	反转（向后）	21	HIGH	高
9	FAST	高速	22	LOW	低
10	SECOND	中速	23	TEST	试验
11	SLOW	低速	24	JOG	微动
12	HAND	手动	25	ACKNOWLEDGE	受信
13	AUTO	自动	26	EMERGSTOP	紧停

3. 按钮型号及意义

按钮型号及意义如图 2-3 所示。

4. 按钮的选择

1）根据用途，选用合适的形式。

2）按工作状态指示和工作情况的要求，选择按钮和指示灯的颜色。

3）按控制电路的需要，确定钮数。

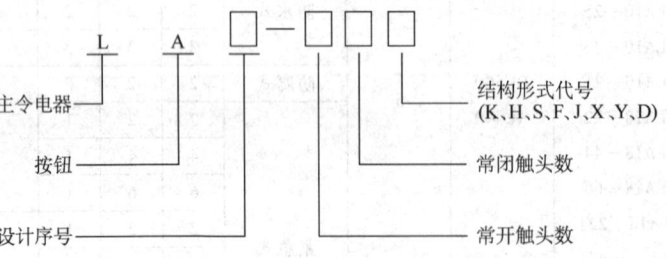

图 2-3 按钮型号及意义

5. 使用及维护

1）由于按钮的触头间距较小，如有油污等极易发生短路事故，故使用时应经常保持触头间的清洁。

2）按钮用于高温场合，易使塑料变形老化，导致按钮松动，引起接线螺钉间相碰短路,可视情况在安装时多加一个紧固圈,两个拼紧使用;也可在接线螺钉处加套绝缘塑料管来预防事故发生。

3) 带指示灯的按钮由于灯泡要发热,时间长时易使塑料灯罩变形造成调换灯泡困难,故不宜用在通电时间较长之处;如必须使用,可适当降低灯泡电压,延长使用寿命。

6. 按钮的常见故障分析

1) 按下起动按钮时有触电感觉 故障的原因一般为按钮的防护金属外壳与连接导线接触或按钮帽的缝隙间充满铁屑,使其与导电部分形成通路。

2) 停止按钮失灵,不能断开电路 故障的原因一般有接线错误、线头松动或搭接在一起、铁尘过多或油污使停止按钮两常闭触头形成短路、胶木烧焦短路。

3) 按下停止按钮,再按起动按钮,被控电器不动作 故障的原因一般为被控电器有故障、停止按钮的复位弹簧损坏或按钮接触不良。

2.1.2 电路图绘制、识读原则

电路图是根据生产机械运动形式对电气控制系统的要求,采用国家统一规定的电气图形符号和文字符号,按照电气设备和电器的工作顺序,详细表示电路、设备或成套装置的全部基本组成和连接关系,而不考虑其实际位置的一种简图。

电路图能充分表达电气设备和电器的用途、作用和工作原理,是电气控制电路安装、调试和维修的理论依据。电路图一般分电源电路、主电路和辅助电路3部分绘制。

绘制、识读电路图时应遵循以下原则:

1) 电源电路画成水平线,三相交流电源相序 L1、L2、L3 自上而下依次画出,中性线 N 和保护地线 PE 依次画在相线之下。直流电源的"+"端画在上边,"-"端在下边画出。电源开关要水平画出。

2) 主电路是指直接承担电能的交换或控制任务的电路,它是由主熔断器、接触器的主触头、热继电器的热元件及电动机等组成。主电路通过的电流是电动机的工作电流,电流较大。主电路要画在电路图的左侧并垂直于电源电路。

3) 辅助电路一般包括控制主电路工作状态的控制电路,显示主电路工作状态的指示电路,提供机床设备局部照明的照明电路等。它是由主令电器的触头、接触器线圈及辅助触头、继电器线圈及触头、指示灯和照明灯等组成。辅助电路通过的电流都较小,一般不超过5A。画辅助电路图时,一般按照控制电路、指示电路和照明电路的顺序依次垂直画在主电路的右侧,且电路中与下边电源线相连的耗能元件(如接触器和继电器的线圈、指示灯、照明灯等)要画在电路图的下方,而电器的触头要画在耗能元件与上边电源线之间。为读图方便,一般应按照自左至右、自上而下的排列来表示操作顺序。

4) 电路图中,各电器的触头位置都按电路未通电或电器未受外力作用时的常态位置画出。分析原理时,应从触头的常态位置出发。

5) 电路图中,不画各电器元件实际的外形图,而采用国家统一规定的电气图形符号。

6) 电路图中,同一电器的各元件不按它们的实际位置画在一起,而是按其在电路中所起的作用分画在不同电路中,但它们的动作却是相互关联的,因此,必须标注相同的文字符号。若图中相同的电器较多时,需要在电气文字符号后面加注不同的数字,以示区别,如KM1、KM2等。

7）画电路图时，应尽可能减少线条和避免线条交叉。对有直接电联系的交叉导线连接点，要用小黑圆点表示；无直接电联系的交叉导线则不画小黑圆点。

8）电路图采用电路编号法，即对电路中的各个接点用字母或数字编号。

① 主电路在电源开关的出线端按相序依次编号为 U11、V11、W11。然后按从上至下、从左至右的顺序，每经过一个电器元件后，编号要递增，如 U12、V12、W12；U13、V13、W13……。单台三相交流电动机（或设备）的 3 根引出线按相序依次编号为 U、V、W。对于多台电动机引出线的编号，为了不致引起误解和混淆，可在字母前用不同的数字加以区别，如 1U、1V、1W；2U、2V、2W ……。

② 辅助电路编号按"等电位"原则从上至下、从左至右的顺序用数字依次编号，每经过一个电器元件后，编号要依次递增。控制电路编号的起始数字必须是 1，其他辅助电路编号的起始数字依次递增 100，如照明电路编号从 101 开始，指示电路编号从 201 开始等。

2.1.3 接线图绘制、识读原则

接线图是根据电气设备和电器元件的实际位置和安装情况绘制的，只用来表示电气设备和电器元件的位置、配线方式和接线方式，而不明显表示电气动作原理。接线图主要用于安装接线、电路的检查维修和故障处理。

绘制、识读接线图应遵循以下原则：

1）接线图中一般示出如下内容：电气设备和电器元件的相对位置、文字符号、端子号、导线号、导线类型、导线截面积、屏蔽和导线绞合等。

2）所有的电气设备和电器元件都按其所在的实际位置绘制在图纸上，且同一电器的各元件根据其实际结构，使用与电路图相同的图形符号画在一起，并用点画线框上，其文字符号以及接线端子的编号应与电路图中的标注一致，以便对照检查接线。

3）接线图中的导线有单根导线、导线组（或线扎）、电缆等，可用连续线和中断线来表示。凡导线走向相同的可以合并，用线束来表示，到达接线端子板或电器元件的连接点时再分别画出。在用线束来表示导线组、电缆等时可用加粗的线条表示，在不引起误解的情况下也可采用部分加粗。另外，导线及管子的型号、根数和规格应标注清楚。

2.1.4 布置图绘制、识读原则

布置图是根据电器元件在控制板上的实际安装位置，采用简化的外形符号（如正方形、矩形、圆形等）绘制的一种简图。它不表达各电器的具体结构、作用、接线情况及工作原理，主要用于表示电器元件的布置和安装。图中各电器的文字符号必须与电路图和接线图的标注相一致。

在实际中，电路图、接线图和布置图要结合起来使用。

2.1.5 点动正转控制电路分析

点动正转控制电路是用按钮、接触器来控制电动机运转的最简单的正转控制电路，如图 2-4 所示。在该电路中，按照电路图的绘制原则，三相交流电源线 L1、L2、L3 依次水平地画在图的上方，电源开关水平画出；由熔断器 FU1、接触器 KM 的 3 对主触头和电动机组成的主电路，与电源线垂直画在图的左侧；由起动按钮 SB，接触器 KM 的线圈组成的控制电路跨接在 L1 和 L2 的两条电源线之间,并垂直画在主电路的右侧,且耗能元件 KM 的线圈与下边电源线 L2 相连画在电路的下方,起动按钮 SB 则画在控制电路中。为表示主电路中的接触器主触头和控制电路中的接触器线圈是同一电器,在它们的图形符号旁边标注了相同的文字符号 KM。电路按规定在各节点进行了编号。图中没有专门的指示电路和照明电路。

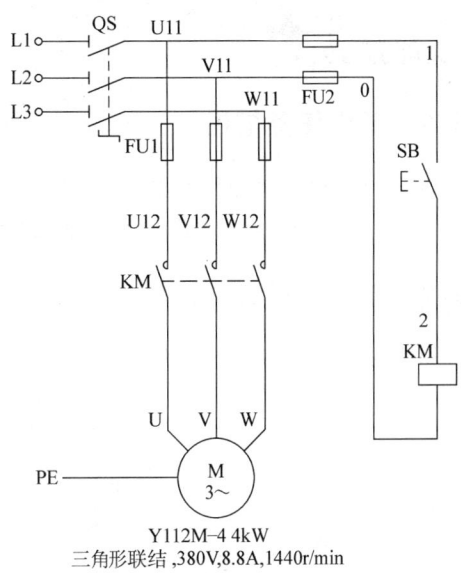

图 2-4 点动正转控制电路

工作原理:当电动机 M 需要点动时,先合上组合开关 QS,此时电动机 M 尚未接通电源。按下起动按钮 SB,接触器 KM 的线圈得电,使衔铁吸合,同时带动接触器 KM 的 3 对主触头闭合,电动机 M 便接通电源起动运转。当电动机 M 需要停止运行时,只要松开起动按钮 SB,使接触器 KM 的线圈失电,衔铁在复位弹簧的作用下复位,带动接触器 KM 的 3 对主触头复位分断,电动机 M 即失电停转。点动正转控制电路的接线图、布置图和元件安装图如图 2-5 所示。

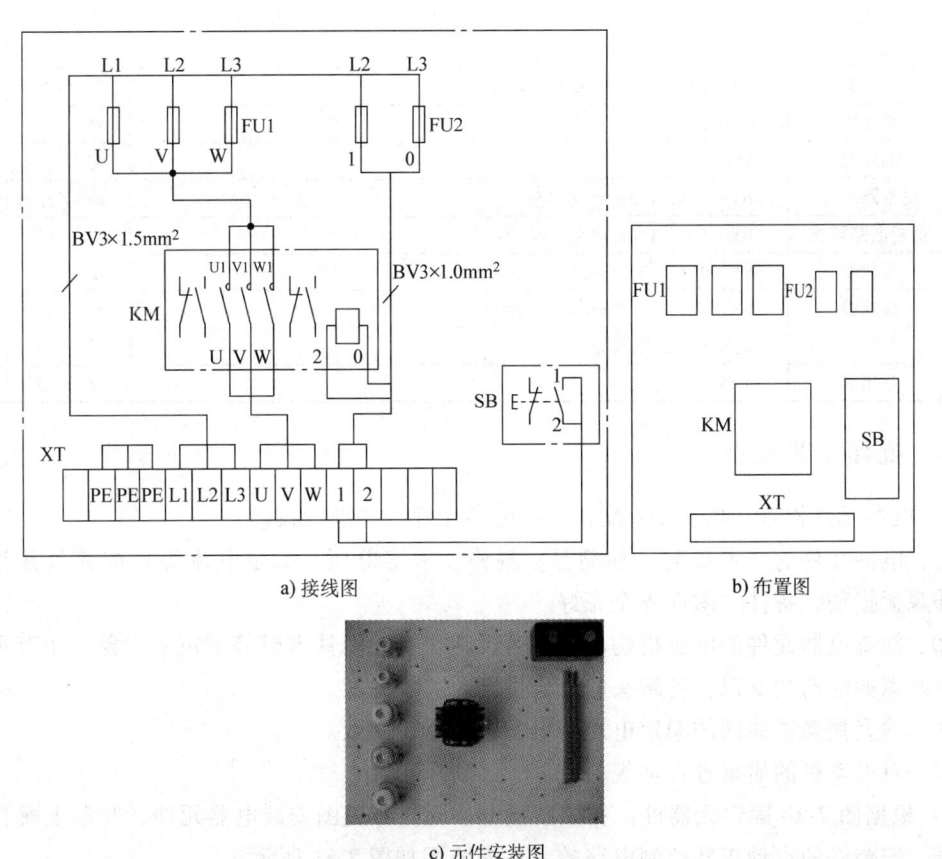

图 2-5 点动正转控制电路的接线图、布置图及元件安装图

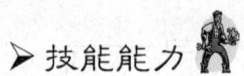 技能能力

2.1.6 工作任务描述

有一台三相交流异步电动机（Y100L2—4，3kW，额定电流为6.8A，额定电压为380V，星形联结，转速1420r/min），现需要求对它进行点动正转控制，并安装与调试。

2.1.7 工具、仪表及材料

所需工具、仪表及材料见表2-4。

表2-4 工具、仪表及材料

序号	名称	型号与规格	单位	数量	备注
1	三相四线电源	~3×380/220V、20 A	处	1	
2	三相电动机	Y100L2—4，3kW，额定电流为6.8A，额定电压为380V，星形联结；转速1420r/min	台	1	
3	配线板	500mm×600mm×20mm	块	1	
4	组合开关	HZ10—25/3	个	1	
5	熔断器	RL1—60/25，380V，60A，熔体配25A	套	3	
6	熔断器	RL1—15/2	套	2	
7	接触器	CJ10—20，线圈电压380V，20 A（CJX2、B系列等自定）	只	1	
8	按钮	LA10—3H，保护式，钮数3	只	1	
9	木螺钉	φ3mm×20mm；φ3mm×15 mm	个	30	
10	平垫圈	φ4mm	个	30	
11	圆珠笔	自定	支	1	
12	主电路导线	BV—1.5，1.5mm²（黑色）	m	若干	
13	控制电路导线	BV—1.0，1.0mm²	m	若干	
14	按钮线	BV—0.75，0.75mm²	m	若干	
15	接地线	BVR—1.5，1.5mm²（黄绿双色）	m	若干	
16	劳保用品	绝缘鞋、工作服等	套	1	
17	万用表	MF47型	只	1	

2.1.8 操作工艺要点

1）电器元件检查。按表2-4配齐所用电器元件，并进行校验。

① 电器元件的技术数据（如型号、规格、额定电压、额定电流等）应完整并符合要求，外观无损伤，备件、附件齐全完好。

② 检查电器元件的电磁机构动作是否灵活，有无衔铁卡阻等不正常现象。用万用表检查电磁线圈的通断情况以及各触头的分合情况。

③ 检查接触器线圈的额定电压与电源电压是否一致。

④ 对电动机的质量进行常规检查。

2）根据图2-5b固定元器件。在控制板上按元件布置图安装电器元件，并贴上醒目的文字符号。安装好的点动正转控制电路的元件安装图如图2-5c所示。

3）画出接线图，点动正转控制电路的接线图如图2-5a所示。

4）先进行控制电路的配线，再安装主电路，最后接上按钮线，分别如图 2-6 和图 2-7 所示。

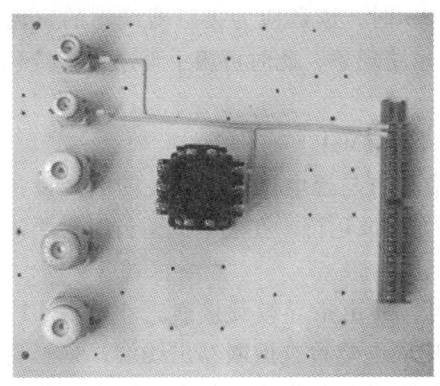

图 2-6　安装控制电路

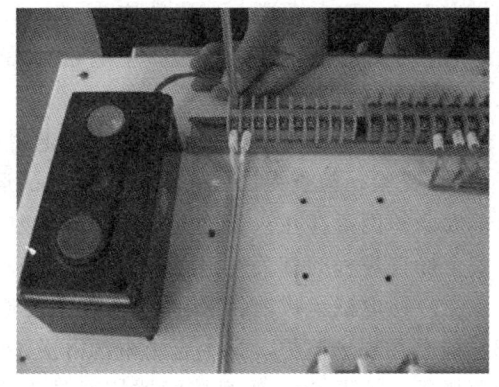

图 2-7　安装按钮线

安装电器元件的工艺要求和板前明线布线的工艺要求见表 2-5。

表 2-5　工艺要求

安装电器元件的工艺要求	板前明线布线的工艺要求
1. 组合开关、熔断器的受电端子应安装在控制板的外侧，并使熔断器的受电端为底座的中心端 2. 各元件的安装位置应对齐整、匀称、间距合理，便于元件的更换 3. 紧固各元件时要用力匀称，紧固程度适当。在紧固熔断器、接触器等易碎元件时，应用手按住元件一边轻轻摇动，一边用螺钉旋具轮换旋紧对角线上的螺钉，直到于摇不动后再适当旋紧些即可	1. 布线通道尽可能少，同时并行导线按主、控电路分类集中，单层密排，紧贴安装面布线 2. 同一平面的导线应高低一致或前后一致，不能交叉。非交叉不可时，该根导线应在接线端子引出时就水平架空跨越，但必须走线合理 3. 布线应横平竖直、分布均匀，变换走向时应垂直 4. 布线时严禁损伤线芯和导线绝缘层 5. 布线顺序一般以接触器为中心，由里向外、由低至高，先控制电路、后主电路进行，以不妨碍后续布线为原则 6. 在每根剥去绝缘层的导线的两端套上编码套管。所有从一个接线端子（或接线桩）到另一个接线端子（或接线桩）的导线必须连续，中间无接头 7. 导线与接线端子或接线桩连接时，不得压绝缘层、不反圈、不露铜过长 8. 同一元件、同一回路的不同接点的导线间距离应保持一致 9. 一个电器元件的接线端子上的连接导线不得多于两根，每节接线端子板上的连接导线一般只允许连接一根

5）安装好的控制电路板如图 2-8 所示，根据电路图检验控制电路板内部布线的正确性。

6）安装电动机。可靠连接电动机和各电器元件金属外壳的保护接地线。

7）连接电源、电动机等控制电路板外部的导线。

8）自检。安装完毕后的控制电路板，必须经过认真检查后，才允许通电试运行，以防止错接、漏接造成不能正常运转和短路事故。自检步骤如下：

① 按电路图或接线图从电源端开始，逐段核对接线及接线端子处线号是否正确，有无漏接、错接之处。检查导线接点是否符合要求，压接要牢固，接触应良好，以免带负载运行时产生闪烁

图 2-8　控制电路板

现象。

② 用万用表检查电路的通断情况。检查控制电路（可断开主电路）时，可将表笔分别搭在 U11、V11 线端上，读数应为"∞"。按下 SB 时，读数应为接触器线圈的直流电阻值。然后断开控制电路，再检查主电路有无开路或短路现象，此时可用手动来代替接触器通电进行检查。

③ 用绝缘电阻表检查电路的绝缘电阻应不得小于 $1M\Omega$。

9）交验，检查无误后通电试运行。试运行前应检查与通电试运行有关的电气设备是否有不安全的因素存在，若检查出应立即整改，然后方能试运行。在通电试运行时，要认真执行安全操作规程的有关规定，一人监护，一人操作。

① 通电试运行前，必须经过指导教师的许可，并由指导教师接通三相电源 L1、L2、L3，同时在现场监护。学生合上电源开关 QS 后，用验电笔检查熔断器出线端，氖管亮说明电源接通。按下 SB，观察接触器情况是否正常，是否符合电路功能要求，观察电器元件动作是否灵活，有无卡阻及噪声过大等现象，观察电动机运行是否正常等。但不得带电检查电路接线是否正确。观察过程中，若有异常现象应马上停止运行。当电动机运转平稳后，用钳形电流表测量三相电流是否平衡。

② 试运行成功率以通电第一次按下按钮时计算。

③ 出现故障后，学生应独立进行检修。若需带电进行检查时，教师必须在现场进行监护。检修完毕后，若需再次停车，也应有教师在现场进行监护，并做好时间记录。

④ 通电试运行完毕，断开起动按钮，待电动机停转后切断电源。先拆除三相电源线，再拆除电动机线。

注意事项

1）电动机及按钮的金属外壳必须可靠接地。接至电动机的导线必须穿在导线通道内加以保护，或采用四芯橡皮线进行临时通电试验。

2）电源线应接在螺旋式熔断器的下接线座上，出线应接在上接线座上。

3）电器元件的安装要点见表 2-6。

表 2-6 电路元件的安装要点

按钮的安装	接触器的安装
1. 按钮安装在面板上时，应布置整齐，排列合理，如根据电动机起动的先后顺序，从上到下或从左到右排列 2. 同一设备运动部件有几种不同的工作状态时，应使每一对相反状态的按钮安装在一组 3. 按钮的安装应牢固，安装按钮的金属板或金属按钮盒必须可靠接地	1. 安装前的检查 1）检查接触器铭牌与线圈的技术数据是否符合实际使用要求 2）检查接触器外观，应无机械损伤；用手推动接触器可动部分时，接触器应动作灵活，无卡阻现象；灭弧罩应完整无损，固定牢固 3）将铁心极面上的防锈油脂或粘在极面上的污垢用煤油擦净，以免多次使用后衔铁被粘住，造成断电后不能释放 4）测量接触器的线圈电阻和绝缘电阻 2. 安装要点 1）交流接触器一般应安装在垂直面上，倾斜度不得超过 5°；若有散热孔，则应将有孔的一面放在垂直方向上，以利散热，并按规定留有适当的飞弧空间，以免飞弧烧坏相邻电器 2）安装和接线时，注意不要将零件失落或掉入接触器内部。安装孔的螺钉应装有弹簧垫圈和平垫圈并拧紧，以防振动松脱 3）安装完毕，检查接线正确无误后，在主触头不带电的情况下操作几次，然后测量接触器的动作值和释放值，所测数值应符合产品规定的要求

2.1.9 任务单

任务单见表2-7。

表 2-7 任务单

任务名称	点动正转控制		学时		班级	
学生姓名			学生学号		任务成绩	
实训材料与仪表	参阅 2.1.7 节		实训场地		日期	
任务内容	安装并调试点动正转控制电路					
任务目的						
(一) 资讯						
资讯问题： 资讯引导：1)《机床电器自动控制（第二版）》 作者：陈远龄 出版社：重庆大学出版社 2)《机床电器与可编程序控制器》 作者：姚永刚 出版社：机械工业出版社						
(二) 决策与计划						
(三) 实施						
(四) 检查（评价）						

2.1.10 考核标准

考核标准见表2-8。

表 2-8 考核标准

序号	工作过程	主要内容	评分标准	配分	学生（自评）		教师	
					扣分	得分	扣分	得分
1	资讯 (10分)	任务相关知识查找	查找相关知识学习，该任务知识能力掌握度达到60%，扣5分	10				
			查找相关知识学习，该任务知识能力掌握度达到80%，扣2分					
			查找相关知识学习，该任务知识能力掌握度达到90%，扣1分					
2	决策计划 (10分)	确定方案、编写计划	制定整体设计方案，在实施过程中修改一次，扣2分	10				
			制定实施方法，在实施过程中修改一次，扣2分					

（续）

序号	工作过程	主要内容	评分标准	配分	学生（自评）		教师	
					扣分	得分	扣分	得分
3	实施 （10分）	记录实施过程步骤	实施过程中，步骤记录不完整度达到10%，扣2分	10				
			实施过程中，步骤记录不完整度达到20%，扣3分					
			实施过程中，步骤记录不完整度达到40%，扣5分					
4	检查评价 （60分）	电器元件检查	不会用仪表检测元件质量好坏，扣2分	5				
			仪表使用方法不正确，扣3分					
		电器元件安装	电器元件布置不整齐、不均匀、不合理，每只扣2分	10				
			电器元件安装不牢固、安装元件时漏装螺钉，每处扣1分					
			损坏元件，每只扣2分					
		布线	电动机运行正常，但未按电路图接线，扣3分	25				
			布线整体不美观，主电路、控制电路每处扣2分					
			接点松动、接头露铜过长、反圈、压绝缘层、标记线号不清楚、遗漏或误标，每处扣1分					
			布线不横平竖直，主、控制电路每根扣0.5分					
			导线乱敷设，扣10分					
			电源、电动机配线和按钮接线没接端子排上，每根扣0.5分					
			损伤导线绝缘层或线芯，每根扣2分					
			遗漏保护线装配，扣2分					
		调试效果	主电路、控制电路配错熔体，每个扣1分	20				
			一次试运行不成功扣5分，两次试运行不成功扣10分，三次试运行不成功扣15分					
			试运行超时，扣5分					

序号	工作过程	主要内容	评分标准	配分	学生（自评）		教师	
					扣分	得分	扣分	得分
5	职业规范、团队合作（10分）	安全文明生产	违反安全文明操作规程，扣3分	3				
		组织协调与合作	团队合作较差，小组不能配合完成任务，扣3分	3				
		交流与表达能力	不能用专业语言正确流利简述任务成果，扣4分	4				
		合计		100				

学生自评总结

教师评语

学生签字	年　月　日	教师签字	年　月　日

2.1.11 知识能力测试

1. 填空

（1）按钮的结构一般都是由_____、复位弹簧、_____、外壳及支柱连杆等组成。

（2）根据不同需要，可将单个按钮元件组成_____、三联按钮或_____，用于电动机的起动、停止及正转、反转、制动的控制。

（3）带指示灯的按钮由于灯泡要发热，时间长时易使塑料灯罩变形造成调换灯泡困难，故不宜用在_____之处；如欲使用，可适当降低_____，延长使用寿命。

2. 判断

（1）按钮的不同的颜色和符号标志不是用来区分功能及作用，避免误操作的。（　　）

（2）由于按钮的触头间距较小，如有油污等极易发生短路事故，故使用时应经常保持触头间的清洁。（　　）

（3）电路图一般分电源电路和辅助电路两部分。（　　）

（4）元件布置图是根据电器元件在控制电路板上的实际安装位置，采用简化的外形符号（如正方形、矩形、圆形等）而绘制的一种简图。（　　）

（5）布线顺序一般以接触器为中心，由外向里、由低至高，先控制电路、后主电路进行，以不妨碍后续布线为原则。（　　）

3. 问答

（1）按钮的使用及维护方法有哪些。

（2）试进行点动正转控制电路原理分析。

4. 简述

简单叙述绘制、识读接线图应遵循的原则。

任务 2.2　单向连续正转运行控制电路的安装与调试

> **教 学 目 的**
>
> 知识能力：熟悉单向连续正转运行控制电路工作原理。
> 技能能力：掌握单向连续正转运动控制电路的安装与调试。
> 社会能力：培养学生分析问题、解决问题的能力；培养学生的沟通能力及团队协作精神。

▶ 知识能力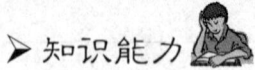

2.2.1　单向连续正转运行控制电路介绍

单向连续正转运行控制电路如图 2-9 所示。

1. 工作原理

起动：按下 SB1──→KM 线圈得电──┬──→KM 主触头闭合──────→电动机 M 起动,连续运转。
　　　　　　　　　　　　　　　　└──→KM 常开辅助触头闭合

2. 过载保护

过载保护是指当电动机出现过载时能自动切断电动机的电源，使电动机停转的一种保护。当重新供电时，保证电动机不能自动起动。

3. 欠电压保护

欠电压是指电路电压低于电动机应加的额定电压。欠电压保护是指当电路电压下降到低于某一数值时，电动机能自动切断电源停转，避免电动机在欠电压下运行的一种保护。采用接触器自锁控制电路就可避免电动机欠电压运行。因为当电路电压下降到低于额定电压的 85% 时，接触器线圈两端的电压也同样下降到此值，从而使接触器线圈磁通减弱，产生的电磁吸力减小，当电磁吸力减小到小于反作用弹簧的拉力时，动铁心被迫释放，主触头、自锁触头同时分断，自动切断主电路和控制电路，电动机失电停转，达到欠电压保护的目的。

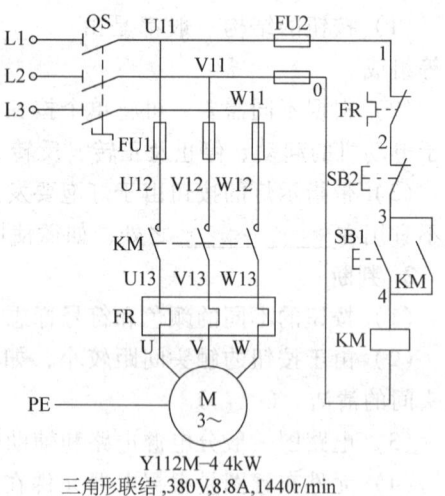

图 2-9　单向连续正转运行控制电路

4. 失电压保护

失电压保护是指电动机在正常运行中，由于外界某种原因引起突然断电时，能自动切断电动机电源；当重新供电时，保证电动机不能自动起动的一种保护。接触器自锁控制电路也可实现失电压保护。因为接触器自锁触头和主触头在电源断电时已经断开，使主电路和控制电路都不能接通，所以在电源恢复供电时，电动机就不会自动起动运转，保证了人身和设备的安全。

> 技能能力

2.2.2 工作任务描述

有一台三相交流异步电动机（Y100L2—4，3kW，额定电流为6.8A，额定电压为380V，星形联结；转速为1420r/min），现需要对它进行单向连续正转运行控制，并安装与调试。

2.2.3 工具、仪表及材料

所需工具、仪表及材料见表2-9。

表2-9 工具、仪表及材料

序号	名称	型号与规格	单位	数量	备注
1	三相四线电源	~3×380/220V，20A	处	1	
2	三相电动机	Y100L2—4，3kW，额定电流为6.8A，额定电压为380V，星形联结，转速为1420r/min	台	1	
3	配线板	500mm×600mm×20mm	块	1	
4	组合开关	HZ10—25/3	个	1	
5	熔断器	RL1—60/25，380V，60A，熔体配25A	套	3	
6	熔断器	RL1—15/2	套	2	
7	接触器	CJ10—20，线圈电压为380V，20A（CJX2、B系列等自定）	只	1	
8	热继电器	JR16B—20/3，整定电流为6.8A	只	1	
9	按钮	LA10—3H，保护式，按钮数3	只	1	
10	木螺钉	$\phi 3mm \times 20mm$，$\phi 3mm \times 15mm$	个	30	
11	平垫圈	$\phi 4mm$	个	30	
12	圆珠笔	自定	支	1	
13	主电路导线	BV—1.5，1.5mm²（黑色）	m	若干	
14	控制电路导线	BV—1.0，1.0mm²	m	若干	
15	按钮线	BV—0.75，0.75mm²	m	若干	
16	接地线	BVR—1.5，1.5mm²（黄绿双色）	m	若干	
17	劳保用品	绝缘鞋、工作服等	套	1	
18	万用表	MF47型	只	1	

2.2.4 操作工艺要点

1）检查元器件。

2）画出元件布置图，如图2-10a所示。

3）根据元件布置图固定安装元器件如图2-10b所示。

4）画出接线图，如图2-10c所示。

5）按图2-10c布线。参照本模块点动正转控制电路的工艺要求，让学生在安装好的自

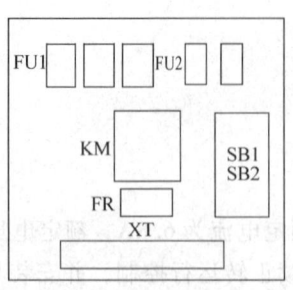
a) 布置图

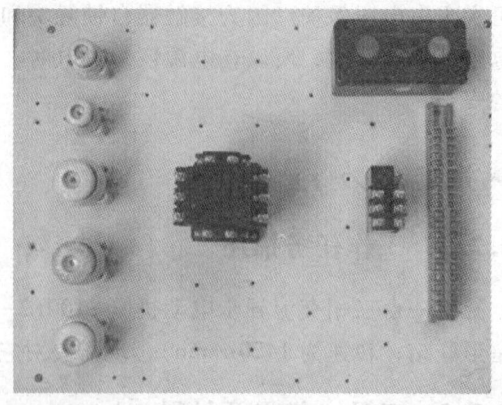
b) 元件安装图

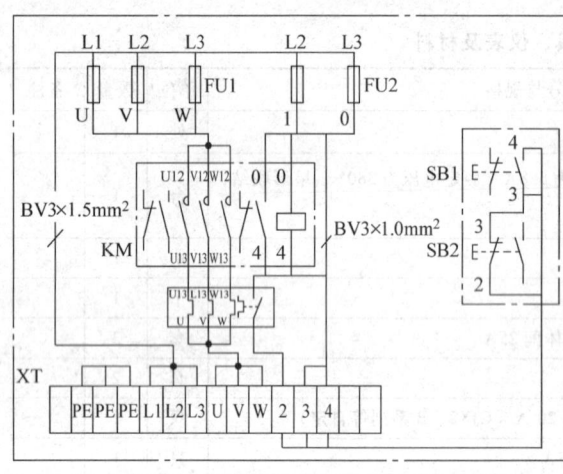
c) 接线图

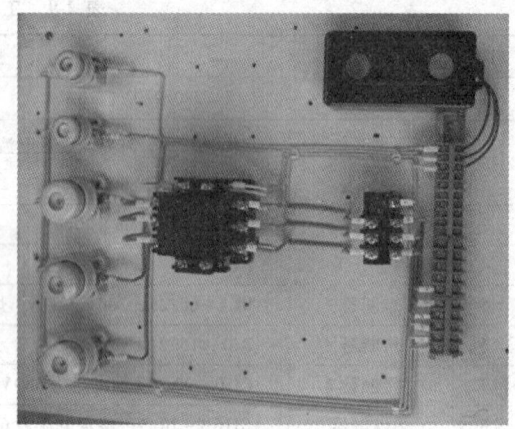
d) 控制电路板

图 2-10 单向连续正转运行控制电路板

锁正转控制电路板上,进行具有过载保护的接触器自锁正转控制电路的安装,安装好的具有过载保护的自锁正转控制电路板如图 2-10d 所示。

6) 安装电动机。可靠连接电动机和各电器元件金属外壳的保护接地线。

7) 连接电源、电动机等控制电路板外部的导线。

8) 自检。安装完毕后的控制电路板,必须经过认真检查后,才允许通电试运行,以防止错接、漏接造成不能正常运转和短路事故。

9) 交验。经指导教师同意后通电试运行。

 特别提示

1) 热继电器的热元件应串接在主电路中,辅助常闭触头应串接在控制电路中。

2) 热继电器的整定电流应按电动机的额定电流自行调整。绝对不允许弯折双金属片。

3) 在一般情况下,热继电器应置于手动复位的位置上。若需要自动复位时,可将复位调节螺钉沿顺时针方向向里旋足。

4) 热继电器因电动机过载动作后,若需再次起动电动机,必须待热元件冷却后,才能使热继电器复位。一般自动复位时间不大于 5min;手动复位时间不大于 2min。

2.2.5 任务单

任务单见表2-10。

表 2-10 任务单

任务名称	单向连续正转运行控制电路	学时		班级	
学生姓名		学生学号		任务成绩	
实训材料与仪表	参阅2.2.3节	实训场地		日期	
任务内容	安装并调试单向连续正转运行控制电路					
任务目的						
（一）资讯					
资讯问题： 资讯引导：1)《机床电器自动控制（第二版）》作者：陈远龄　出版社：重庆大学出版社 　　　　　2)《机床电器与可编程序控制器》作者：姚永刚　出版社：机械工业出版社					
（二）决策与计划					
（三）实施					
（四）检查（评价）					

2.2.6 考核标准

考核标准见表2-11。

表 2-11 考核标准

序号	工作过程	主要内容	评分标准	配分	学生（自评）		教师	
					扣分	得分	扣分	得分
1	资讯 （10分）	任务相关知识查找	查找相关知识学习，该任务知识能力掌握度达到60%，扣5分	10				
			查找相关知识学习，该任务知识能力掌握度达到80%，扣2分					
			查找相关知识学习，该任务知识能力掌握度达到90%，扣1分					
2	决策计划 （10分）	确定方案、编写计划	制定整体设计方案，在实施过程中修改一次，扣2分	10				
			制定实施方法，在实施过程中修改一次，扣2分					

（续）

序号	工作过程	主要内容	评分标准	配分	学生（自评）		教师	
					扣分	得分	扣分	得分
3	实施 （10分）	记录实施过程步骤	实施过程中，步骤记录不完整度达到10%，扣2分	10				
			实施过程中，步骤记录不完整度达到20%，扣3分					
			实施过程中，步骤记录不完整度达到40%，扣5分					
4	检查评价 （60分）	电器元件检查	不会用仪表检测元件质量好坏，扣2分	5				
			仪表使用方法不正确，扣3分					
		电器元件安装	电器元件布置不整齐、不均匀、不合理，每只扣2分	10				
			电器元件安装不牢固、安装元件时漏装螺钉，每处扣1分					
			损坏元件，每只扣2分					
		布线	电动机运行正常，但未按电路图接线，扣3分	25				
			布线整体不美观，主电路、控制电路每处扣2分					
			接点松动、接头露铜过长、反圈、压绝缘层，标记线号不清楚、遗漏或误标，每处扣1分					
			布线不横平竖直，主、控制电路每根扣0.5分					
			导线乱敷设，扣10分					
			电源、电动机配线和按钮接线没接端子排上，每根扣0.5分					
			损伤导线绝缘或线芯，每根扣2分					
			遗漏保护线装配，扣2分					
		调试效果	主电路、控制电路配错熔体，每个扣1分	20				
			热继电器整定值错误，扣1分					
			一次试运行不成功扣5分，两次试运行不成功扣10分，三次试运行不成功扣15分					
			试运行超时，扣5分					

(续)

序号	工作过程	主要内容	评分标准	配分	学生（自评）		教师	
					扣分	得分	扣分	得分
5	职业规范、团队合作（10分）	安全文明生产	违反安全文明操作规程，扣3分	3				
		组织协调与合作	团队合作较差，小组不能配合完成任务，扣3分	3				
		交流与表达能力	不能用专业语言正确流利简述任务成果，扣4分	4				
			合计	100				

学生自评总结	
教师评语	
学生签字	年　月　日	教师签字	年　月　日

2.2.7 知识能力测试

1. 填空

（1）过载保护是指当电动机出现过载时能自动切断电动机_____，使电动机停转的一种保护。当重新供电时，保证电动机不能_____。

（2）欠电压保护是指当电路电压下降到低于某一数值时，电动机能自动切断_____停转，避免电动机在欠电压下运行的一种保护。

（3）失电压保护是指电动机在正常运行中，由于外界某种原因引起突然_____时，能自动切断电动机电源；当重新供电时，保证电动机不能自动起动的一种保护。

2. 简述

简述单向连续正转运行控制电路的工作原理。

3. 训练内容

安装三相异步电动机点动和连续混合控制电路（见图2-11）并通电调试。

合上电源开关QS后，按下起动按钮SB2，接触器KM线圈得电吸合并自锁，电动机M起

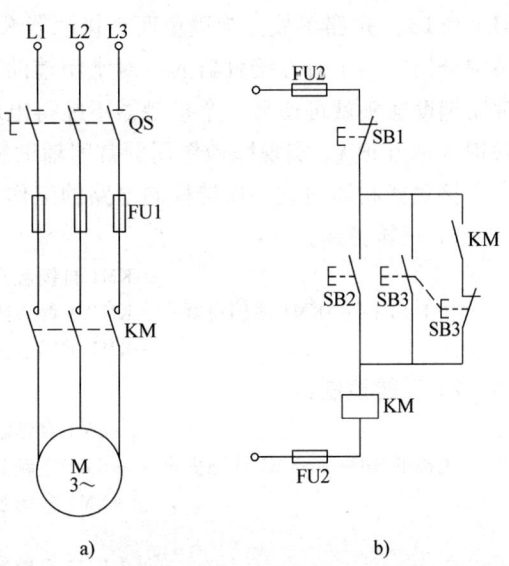

图2-11　三相异步电动机点动和连续混合控制电路

动并连续运转。

若按下起动按钮 SB3，接触器 KM 线圈得电吸合，电动机 M 起动运转，由于起动按钮 SB3 的常闭触头断开接触器 KM 的自锁回路，所以是点动控制。

任务 2.3　接触器联锁正、反转控制电路的安装与调试

教　学　目　的

知识能力：掌握接触器联锁正、反转控制电路的工作原理。
技能能力：掌握接触器联锁正、反转控制电路的安装与调试。
社会能力：培养学生分析问题、解决问题的能力；培养学生的沟通能力及团队协作精神。

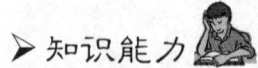

2.3.1　接触器联锁的正、反转控制电路分析

接触器联锁的正、反转控制电路如图 2-12 所示。电路中采用了两个接触器，即正转用的接触器 KM1 和反转用的接触器 KM2，它们分别由正转按钮 SB1 和反转按钮 SB2 控制。从主电路图中可以看出，这两个接触器的主触头所接通的电源相序不同，KM1 按 L1—L2—L3 相序接线，KM2 按 L3—L2—L1 相序接线。相应的控制电路有两条：一条是由按钮 SB1 和 KM1 线圈等组成的正转控制电路；另一条是由按钮 SB2 和 KM2 线圈等组成的反转控制电路。

必须指出，接触器 KM1 和 KM2 的主触头绝对不允许同时闭合，否则将造成两相电源（L1 和 L3）短路事故。为避免两个接触器 KM1 和 KM2 同时得电动作，就在正、反转控制电路中分别串接了对方接触器的一对常闭辅助触头。这样，当一个接触器得电动作时，通过其常闭辅助触头就可使另一个接触器不能得电动作，接触器间这种相互制约的作用称为接触器联锁（或互锁）。实现联锁作用的常闭辅助触头称为联锁触头（或互锁触头）。

接触器联锁的正、反转控制电路的工作原理如下：

1) 正转控制：

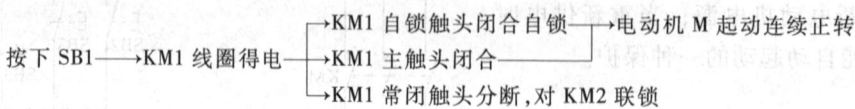

2) 反转控制：

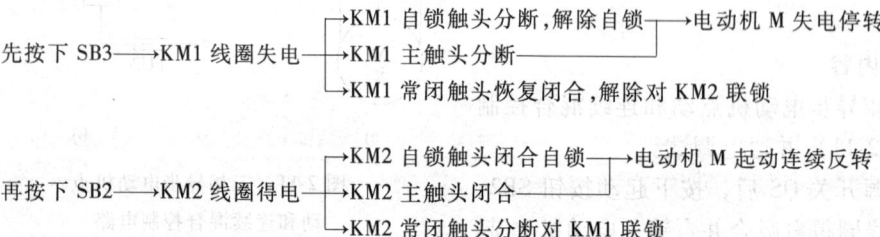

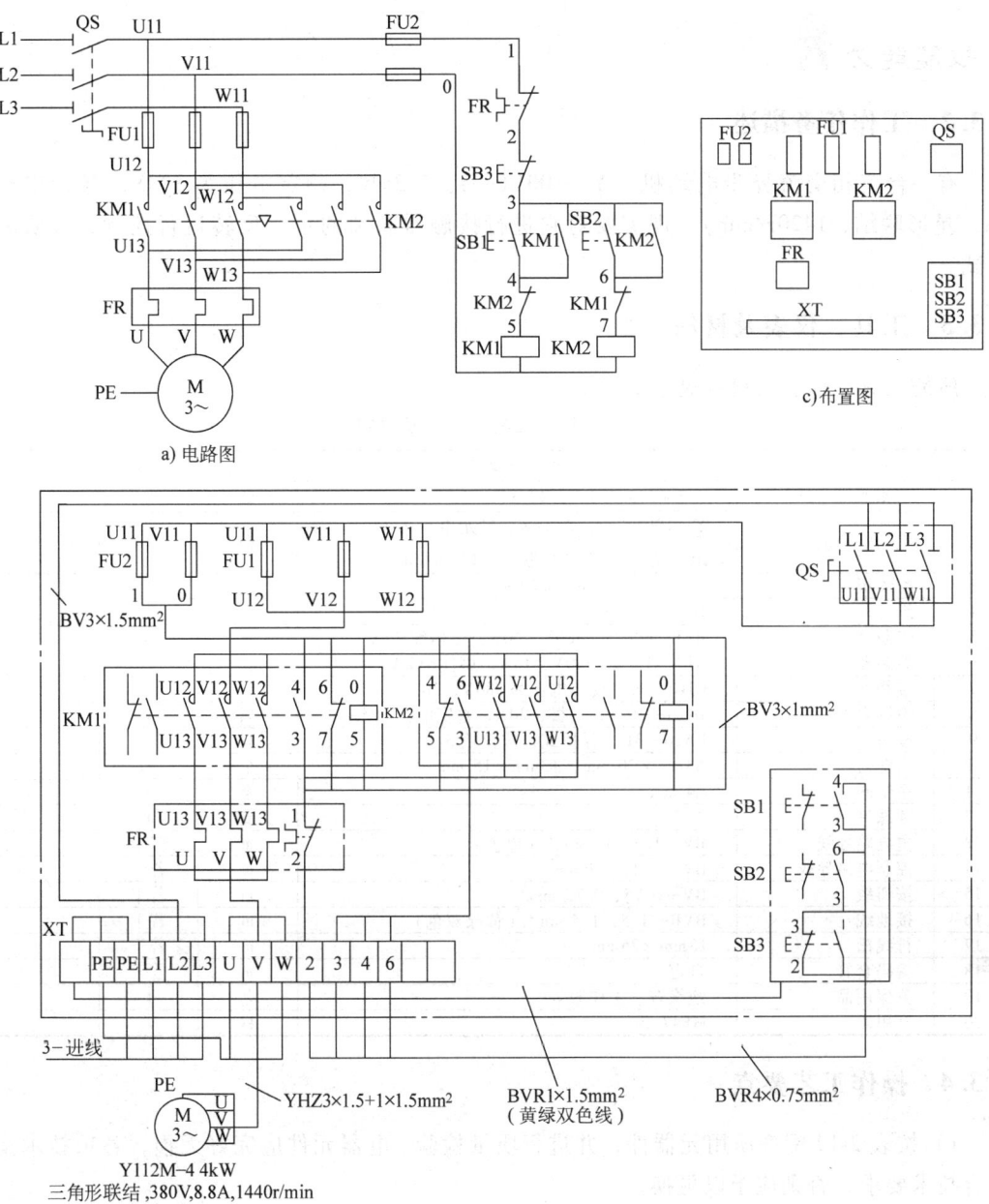

图 2-12 接触器联锁的正、反转控制电路

停止时，按下停止按钮 SB3 —→ 控制电路失电 —→ KM1（或 KM2）主触头分断 —→ 电动机 M 失电停转

接触器联锁的正、反转控制电路的优点是安全可靠，缺点是操作不便。因电动机从正转变为反转时，必须先按下停止按钮后，才能按反转起动按钮，否则由于接触器的联锁作用，不能实现反转。为克服不足，可采用按钮联锁和按钮、接触器双重联锁的正、反转控制电路。

▶ 技能能力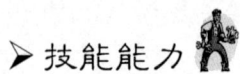

2.3.2 工作任务描述

有一台三相交流异步电动机（Y—100L1—4，2.2kW，额定电压为380V，额定电流为5A，星形联结，1420r/min），现需要对它进行接触器联锁的正、反转运行控制，并安装与调试。

2.3.3 工具、仪表及材料

所需工具、仪表及材料见表2-12。

表2-12 工具、仪表及材料

序号	名称	型号与规格	单位	数量	备注
1	三相四线电源	~3×380/220 V，20 A	处	1	
2	三相电动机	Y—100L1—4，2.2kW，额定电压为380V，额定电流为5A，三角形联结，1420r/min	台	1	
3	配线板	500 mm×600 mm×20 mm	块	1	
4	组合开关	HZ10—25/3	个	1	
5	熔断器	RL1—60/25，380V，60A，熔体配25A	套	3	
6	熔断器	RL1—15/2，380V，15A，熔体配2A	套	2	
7	接触器	CJ10—20，线圈电压为380V，20 A	只	2	
8	热继电器	JR16—20/3，三极，20A，整定电流为5A	只	1	
9	按钮	LA10—3H，保护式，按钮数3	只	1	
10	木螺钉	φ3mm×20 mm，φ3mm×15 mm	个	30	
11	平垫圈	φ4 mm	个	30	
12	圆珠笔	自定	支	1	
13	主电路导线	BV—1.5，1.5mm²（黑色）	m	若干	
14	控制电路导线	BV—1.0，1.0mm²	m	若干	
15	按钮线	BV—0.75，0.75 mm²	m	若干	
16	接地线	BVR—1.5，1.5 mm²（黄绿双色）	m	若干	
17	行线槽	18mm×25mm	m	若干	
18	编码套管	自定	m	若干	
19	劳保用品	绝缘鞋、工作服等	套	1	
20	万用表	MF47 型	只	1	

2.3.4 操作工艺要点

1）按表2-12配齐所用元器件，并进行质量检验。电器元件应完好无损，各项技术指标符合技术要求，否则应予以更换。

2）画出布置图，布置图如图2-12c所示。根据布置图安装所有电器元件，并贴上醒目的文字符号。安装时，组合开关、熔断器的受电端子应安装在控制电路板的外侧；元件排列要整齐、匀称，间距合理，且便于元件的更换；紧固元件时用力要均匀，紧固程度适当，做到既要使元件安装牢固，又不使元件损坏。

3）画出接线图，如图2-12b所示。根据接线图进行板前明线布线和套编码套管。做到布线横平竖直、整齐、分布均匀、紧贴安装面、走线合理；套编码套管要正确；严禁损伤线芯和导线绝缘层；接点要牢靠，不得松动，不得压绝缘层，不得反圈及露铜过长等。最后应对照电路图检查布线的正确性。

4）安装电动机。做到安装牢固平稳，以防止在换向时产生滚动而引起事故。可靠连接电动机和按钮金属外壳的保护接地线。

5)连接电源、电动机等控制电路板外部的接线。导线要敷设在导线通道内,或采用绝缘良好的橡皮线进行通电试验。

6)自检。安装完毕的控制电路板,必须按要求进行认真检查,确保无误后才允许通电试运行。

7)交验合格后,通电试运行。通电时,必须经指导教师同意后,由指导教师接通电源、并在现场进行监护。出现故障后,学生应独立进行检修。若需带电检查时,也必须有教师在现场监护。

8)通电试运行完毕,停转、断开电源。先拆除三相电源线,再拆除电动机负载线。

注意事项

1)螺旋式熔断器的接线必须正确,以确保用电安全。
2)接触器联锁触头的接线必须正确,否则将会造成主电路中两相电源短路事故。
3)通电试运行时,应先合上 QS,再先后按下 SB1(或 SB2)及 SB3,看控制是否正常,并在按下 SB1 后再按下 SB2,观察有无联锁作用。
4)安装操作应在规定的时间内完成,同时要做到安全操作和文明生产。操作结束后,安装的控制电路板留用。

2.3.5 任务单

任务单见表 2-13。

表 2-13 任务单

任务名称	接触器联锁的正、反转控制电路	学时		班级	
学生姓名		学生学号		任务成绩	
实训材料与仪表	参阅 2.3.3 节	实训场地		日期	
任务内容	安装并调试接触器联锁的正、反转控制电路				
任务目的					
(一)资讯 资讯问题: 资讯引导:《机床电器自动控制(第二版)》作者:陈远龄 出版社:重庆大学出版社					
(二)决策与计划					
(三)实施					
(四)检查(评价)					

2.3.6 考核标准

考核标准见表2-14。

表 2-14 考核标准

序号	工作过程	主要内容	评分标准	配分	学生（自评） 扣分	学生（自评） 得分	教师 扣分	教师 得分
1	资讯（10分）	任务相关知识查找	查找相关知识学习，该任务知识能力掌握度达到60%，扣5分	10				
			查找相关知识学习，该任务知识能力掌握度达到80%，扣2分					
			查找相关知识学习，该任务知识能力掌握度达到90%，扣1分					
2	决策计划（10分）	确定方案、编写计划	制定整体设计方案，在实施过程中修改一次，扣2分	10				
			制定实施方法，在实施过程中修改一次，扣2分					
3	实施（10分）	记录实施过程步骤	实施过程中，步骤记录不完整度达到10%，扣2分	10				
			实施过程中，步骤记录不完整度达到20%，扣3分					
			实施过程中，步骤记录不完整度达到40%，扣5分					
4	检查评价（60分）	电器元件检查	不会用仪表检测元件质量好坏，扣2分	5				
			仪表使用方法不正确，扣3分					
		电器元件安装	电器元件布置不整齐、不均匀、不合理，每只扣2分	10				
			电器元件安装不牢固、安装元件时漏装螺钉，每处扣1分					
			损坏元件，每只扣2分					
		布线	电动机运行正常，但未按电路图接线，扣3分	25				
			布线整体不美观，主电路、控制电路每处扣2分					
			接点松动、接头露铜过长、反圈、压绝缘层，标记线号不清楚、遗漏或误标，每处扣1分					
			布线不横平竖直，主、控制电路每根扣0.5分					
			导线乱敷设，扣10分					
			电源、电动机配线和按钮接线没接端子排上，每根扣0.5分					

(续)

序号	工作过程	主要内容	评分标准	配分	学生（自评）		教师	
					扣分	得分	扣分	得分
4	检查评价（60分）	布线	损伤导线绝缘或线芯，每根扣2分	25				
			遗漏保护线装配，扣2分					
		调试效果	主电路、控制电路配错熔体，每个扣1分	20				
			热继电器整定值错误，扣1分					
			一次试运行不成功扣5分，两次试运行不成功扣10分，三次试运行不成功扣15分					
			试运行超时，扣5分					
5	职业规范、团队合作（10分）	安全文明生产	违反安全文明操作规程，扣3分	3				
		组织协调与合作	团队合作较差，小组不能配合完成任务，扣3分	3				
		交流与表达能力	不能用专业语言正确流利简述任务成果，扣4分	4				
		合计		100				

学生自评总结	
教师评语	
学 生 签 字	年 月 日	教 师 签 字	年 月 日

2.3.7 知识能力测试

1. 填空

（1）接触器联锁的正、反转控制电路中，接触器 KM1 和 KM2 的主触头绝对不允许_____闭合。

（2）接触器联锁的正、反转控制电路的优点是安全可靠，缺点是操作不便。因电动机从正转变为反转时，必须先按下_____按钮后，才能按反转_____按钮，否则由于接触器的联锁作用，不能实现反转。

（3）通电试运行完毕，停转、断开电源。_____拆除三相电源线，_____拆除电动机负载线。

2. 简述

简述接触器联锁的正、反转控制电路的工作原理。

3. 训练内容

安装三相交流异步电动机按钮、接触器双重联锁正、反转控制电路（见图2-13）并通电调试。

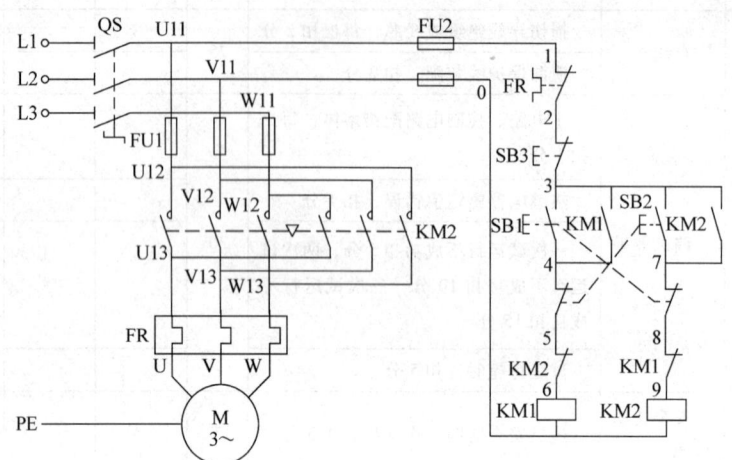

图2-13 三相交流异步电动机按钮、接触器双重联锁的正、反转控制电路

（1）工作原理

1）正转控制：

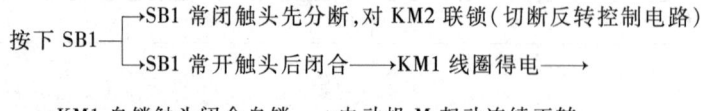

2）反转控制：

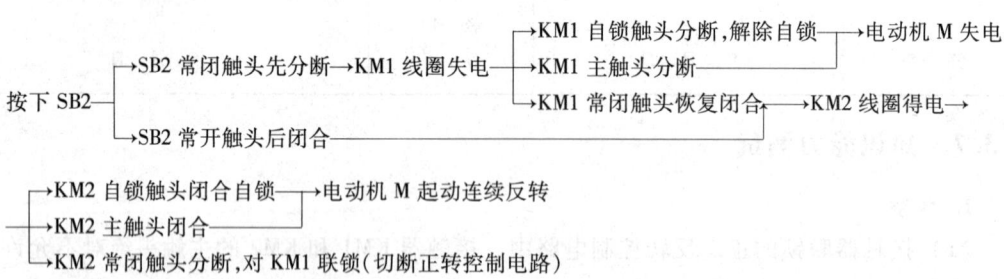

若要停止，按下SB3，整个控制电路失电，主触头分断，电动机M失电停转。

（2）注意事项

1）螺旋式熔断器的接线必须正确，以确保用电安全。

2）接触器联锁触头的接线必须正确，否则将会造成主电路中两相电源短路事故。

3）通电试运行时，应先合上QS，再先后按下SB1（或SB2）及SB3，看控制是否正常，并在按下SB1后再按下SB2，观察有无联锁作用。

4）安装操作应在规定的时间内完成，同时要做到安全操作和文明生产。操作结束后，安装的控制板留用。

任务 2.4　工作台自动往返控制电路的安装与调试

> **教学目的**
> 知识能力：掌握位置开关的结构、原理和选择；掌握工作台自动往返控制电路的工作原理。
> 技能能力：掌握工作台自动往返控制电路的安装与调试。
> 社会能力：培养学生分析问题、解决问题的能力；培养学生的沟通能力及团队协作精神。

▶ 知识能力

在生产过程中，一些生产机械运动部件的行程或位置要受到限制，或者需要在一定范围内自动往返循环等，以便实现对工件的连续加工。

2.4.1　位置开关

位置开关是一种将机械信号转换为电信号，以控制运动部件的位置和行程的自动控制电器。位置开关包括行程开关和接近开关等。行程开关的种类很多，以运动形式分，有直动式和转动式；以触头性质分，为有触头和无触头的。

1. 位置开关的结构及原理

各种位置开关的基本结构大体相同，都是由触头系统、操作机构和外壳组成。JLXK1 系列位置开关的外形如图 2-14 所示。

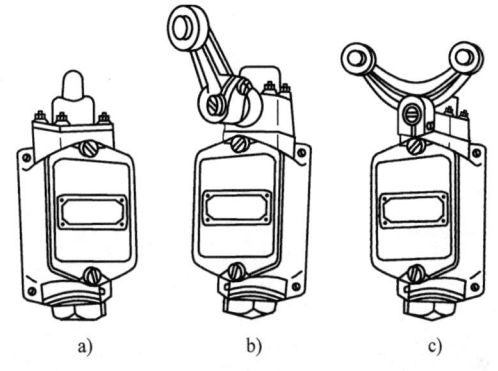

图 2-14　JLXK1 系列位置开关的外形

JLXK1 系列位置开关的结构和工作原理如图 2-15 所示。当运动部件的挡铁碰压行程开

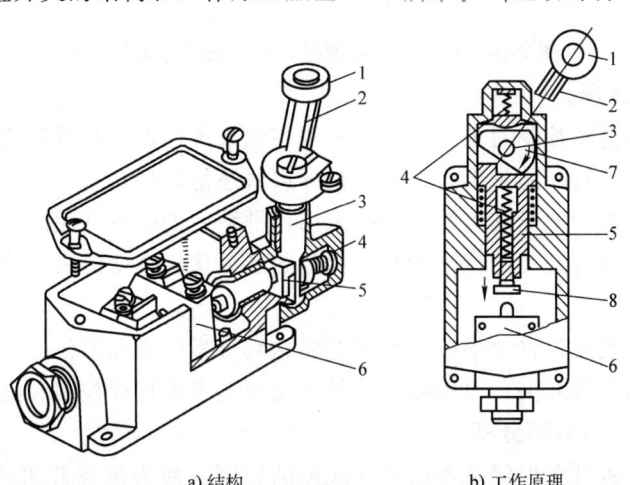

a) 结构　　　　b) 工作原理

图 2-15　JLXK1-111 型位置开关的结构和工作原理
1—滚轮　2—杠杆　3—转轴　4—复位弹簧　5—撞块
6—微动开关　7—凸轮　8—调节螺钉

关的滚轮 1 时，杠杆 2 连同转轴 3 一起转动，使凸轮 7 推动撞块 5，当撞块被压到一定位置时，推动微动开关 6 快速动作，使其常闭触头断开，常开触头闭合。

位置开关按其触头动作方式可分为蠕动型和瞬动型，两种类型的触头动作速度不同。JLXK1—111 型位置开关的分合速度取决于生产机械挡铁触动滚轮的移动速度，其缺点是当移动速度低于 0.4m/s 时，触头分合太慢易受电弧烧灼，从而减少触头使用寿命。

为了使位置开关触头在生产机械缓慢运动时仍能快速分合，一般将触头动作设计成跳跃式瞬动结构，这样不但可以保证动作的可靠性及行程控制的位置精度，同时还可减少电弧对触头的灼伤。

2. 位置开关的型号、电气图形与文字符号

位置开关的型号、电气图形与文字符号如图 2-16 所示。

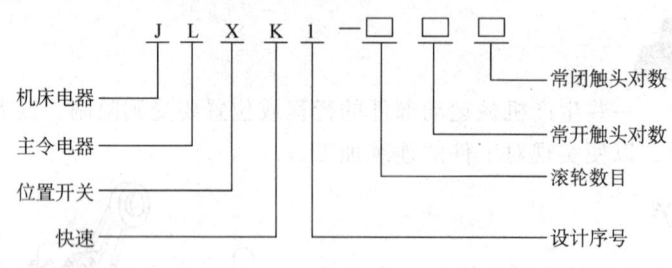

a) 型号及意义

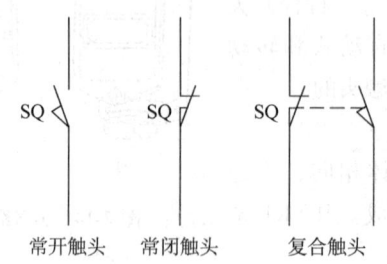

b) 电气图形与文字符号

图 2-16 位置开关的型号、电气图形与文字符号

3. 位置开关的选择

1) 根据应用场合及控制对象，选择是一般用途开关还是起重设备用位置开关。
2) 根据安装环境选择防护形式，选择是开启式还是防护式。
3) 根据控制回路的电压和电流，选择采用何种系列的位置开关。
4) 根据机械与行程开关的传动力与位移的关系，选择合适的头部结构形式。

4. 使用及维护

1) 位置开关安装时位置要准确，否则不能达到行程控制和限位的目的。
2) 应定期清扫位置开关，以免触头接触不良而达不到行程控制和限位的目的。

5. 位置开关的常见故障分析

1) 挡铁碰撞位置开关但触头不动作　故障的原因一般为位置开关的安装位置不对，离挡铁太远；触头接触不良或联接线松脱。
2) 位置开关复位但常闭触头不能闭合　故障的原因一般为触头偏斜或动触头脱落、触杆被杂物卡住、弹簧弹力减退或被卡住。

3）位置开关的杠杆已偏转但触头不动　故障的原因一般为位置开关的位置装得太低或触头由于机械卡阻而不动作。

2.4.2 工作台自动往返控制电路分析

为了使电动机的正、反转控制与工作台的左右相配合，在控制电路中设置了 4 个位置开关 SQ1、SQ2、SQ3 和 SQ4，并把它们安装在工作台需限位的地方。其中，SQ1、SQ2 被用来自动切换正、反转控制电路，实现工作台自动往返行程控制；SQ3 和 SQ4 被用来作终端保护，以防止 SQ1、SQ2 失灵，工作台越过限定位置而造成事故。工作台边的 T 形槽中装有两块挡铁，挡铁 1 只能和 SQ1、SQ3 相碰，挡铁 2 只能和 SQ2、SQ4 相碰。当工作台达到限定位置时，挡铁碰撞位置开关，使其触头动作，自动换接电动机正、反转控制电路，通过机械机构使工作台自动往返运动。工作台行程可通过移动挡铁位置来调节。工作台自动往返控制原理如图 2-17 所示。

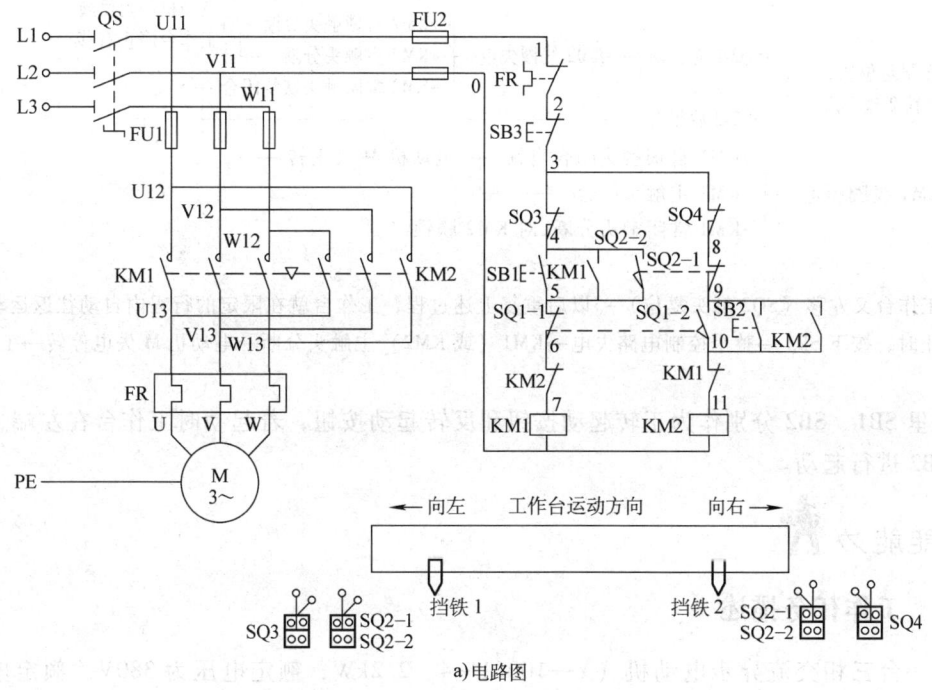

a) 电路图

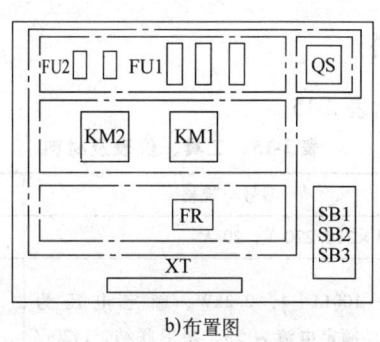

b) 布置图

图 2-17　工作台自动往返控制电路

工作台自动往返控制电路的工作原理如下：

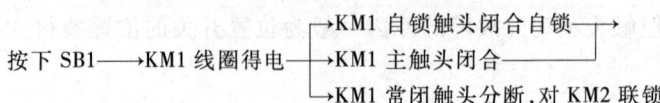

→电动机 M 正转→工作台左移→至限定位置，挡铁 1 碰 SQ1→

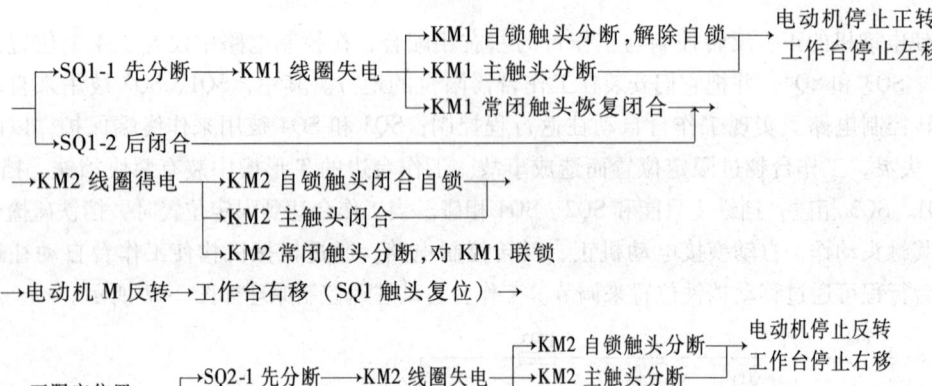

→电动机 M 反转→工作台右移（SQ1 触头复位）→

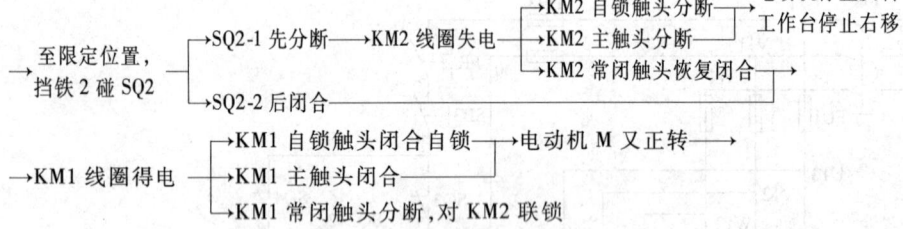

→工作台又左移（SQ2 触头复位）→以后重复上述过程，工作台就在限定的行程内自动往返运动。

停止时，按下 SB3→整个控制电路失电→KM1（或 KM2）主触头分断→电动机 M 失电停转→工作台停止运动

这里 SB1、SB2 分别作为正转起动按钮和反转起动按钮，若起动时工作台在左端，则应按下 SB2 进行起动。

> 技能能力

2.4.3 工作任务描述

有一台三相交流异步电动机（Y—100L1—4，2.2kW，额定电压为 380V，额定电流为 5A，星形联结，1420r/min），现需要对它进行自动往返控制，并安装与调试。

2.4.4 工具、仪表及材料

所需工具、仪表及材料见表 2-15。

表 2-15 工具、仪表及材料

序号	名称	型号与规格	单位	数量	备注
1	三相四线电源	~3×380/220 V，20 A	处	1	
2	三相电动机	Y—100L1—4，2.2kW，额定电压为 380V，额定电流为 5A，星形联结，1420r/min	台	1	

(续)

序号	名称	型号与规格	单位	数量	备注
3	配线板	500 mm × 600 mm × 20 mm	块	1	
4	组合开关	HZ10—25/3	个	1	
5	熔断器	RL1—60/25，380V，60A，熔体配25A	套	3	
6	熔断器	RL1—15/2，380V，15A，熔体配2A	套	2	
7	接触器	CJ10—20，线圈电压为380V，20 A	只	2	
8	热继电器	JR16—20/3，三极，20A，整定电流5A	只	1	
9	按钮	LA10—3H，保护式，按钮数3	只	1	
10	位置开关	JLXK1—111，单轮旋转式	只	4	
11	木螺钉	$\phi 3mm \times 20$ mm，$\phi 3mm \times 15$ mm	个	30	
12	平垫圈	$\phi 4$ mm	个	30	
13	圆珠笔	自定	支	1	
14	主电路导线	BVR—1.5，1.5mm²（黑色）	m	若干	
15	控制电路导线	BVR—1.0，1.0mm²	m	若干	
16	按钮线	BVR—0.75，0.75 mm²	m	若干	
17	接地线	BVR—1.5，1.5 mm²（黄绿双色）	m	若干	
18	行线槽	18mm × 25mm	m	若干	
19	编码套管	自定	m	若干	
20	劳保用品	绝缘鞋、工作服等	套	1	
21	万用表	MF47型	只	1	

2.4.5 操作工艺要点

1）按表2-15配齐所用元器件，并进行质量检验。

2）画出布置图如图2-17b所示，在控制电路板上按布置图安装走线槽和所有电器元件，并贴上醒目的文字符号。安装走线槽时，应做到横平竖直、排列整齐匀称、安装牢固和便于走线等。

3）按原理图进行板前线槽配线，并在导线端部套编码套管和冷压接线头。板前线槽配线的具体工艺要求是：

① 所有导线的截面积在等于或大于$0.5 mm^2$时，必须采用软线。考虑机械强度的原因，所用最小截面积，在控制箱外为$1 mm^2$，在控制箱内为$0.75 mm^2$。但对控制箱内很小电流的电路连线，如电子逻辑电路，可用$0.2 mm^2$，并且可以采用硬线，但只能用于不移动又无振动的场合。

② 布线时，严禁损伤线芯和绝缘导线。

③ 各电器元件接线端子引出导线的走向，以元件的水平中心线为界线，在水平中心线以上接线端子引出的导线，必须进入元件上面的行线槽；在水平中心线以下接线端子引出的导线，必须进入元件下面的行线槽。任何导线都不允许从水平方向进入行线槽。

④ 各电器元件接线端子上引入或引出的导线，除间距很小和元件机械强度很差允许直接架空敷设外，其他导线必须经过行线槽进行连接。

⑤ 进入行线槽内的导线要完全置于行线槽内，并应尽可能避免交叉，装线不得超过其容量的70%，以便能盖上行线槽盖和以后的装配及维修。

⑥ 各电器元件与进行行线槽之间的外露导线，应走线合理，并应尽可能做到横平竖直，变换走向要垂直。同一个元件上位置一致的端子上引出或引入的导线，要敷设在同一平面上，并应做到高低一致或前后一致，不得交叉。

⑦ 所有接线端子、导线接头上都应套有与电路图上相应接点线号一致的编码套管，并

按线号进行连接，连接必须可靠，不得松动。

⑧ 在任何情况下，接线端子必须与导线截面和材料性质相适应。当接线端子不适合连接软线或截面较小的软线时，可以在导线端头穿上针形或叉形扎头并压紧。

⑨ 一般一个接线端子只能连接一根导线，如果采用专门的设计的端子，可以连接两根或多根导线，但导线的连接方式，必须是公认的、在工艺上成熟的方式，如夹紧、压接、焊接、绕接等，并应严格按照连接工艺的工序要求进行。

4) 根据电路图检验控制电路板内部布线的正确性。

5) 安装电动机。可靠连接电动机和各电器元件金属外壳的保护接地线。

6) 连接电源、电动机等控制电路板外部的导线。

7) 自检。

8) 交验，检查无误后通电试运行。

 注意事项

1) 位置开关必须牢固安装在合适的位置上。安装后，必须用手动工作台或受控机械进行试验，合格后才能使用。训练中若无条件进行实际机械安装时，可将位置开关装在控制电路板下方两侧进行手控模拟试验。

2) 通电校验时，必须先手动位置开关，试验各行程控制和中断保护是否正常可靠。若在电动机正转（工作台向左运动）时，扳动位置开关 SQ1，电动机不反转，且继续正转，则可能是由于 KM2 的主触头接线不正确引起，需断电进行纠正后再试，以防止发生设备事故。

2.4.6 任务单

任务单见表 2-16。

表 2-16 任务单

任务名称	工作台自动往返控制电路	学时		班级	
学生姓名		学生学号		任务成绩	
实训材料与仪表	参阅 2.4.4 节	实训场地		日期	
任务内容	安装并调试工作台自动往返控制电路				
任务目的					
（一）资讯					
资讯问题： 资讯引导：《电气控制线路安装与维修》作者：王建 出版社：中国劳动出版社					
（二）决策与计划					
（三）实施					
（四）检查（评价）					

2.4.7 考核标准

考核标准见表2-17。

表2-17 考核标准

序号	工作过程	主要内容	评分标准	配分	学生（自评）		教师	
					扣分	得分	扣分	得分
1	资讯 （10分）	任务相关 知识查找	查找相关知识学习，该任务知识能力掌握度达到60%，扣5分	10				
			查找相关知识学习，该任务知识能力掌握度达到80%，扣2分					
			查找相关知识学习，该任务知识能力掌握度达到90%，扣1分					
2	决策计划 （10分）	确定方案、 编写计划	制定整体设计方案，在实施过程中修改一次，扣2分	10				
			制定实施方法，在实施过程中修改一次，扣2分					
3	实施 （10分）	记录实施 过程步骤	实施过程中，步骤记录不完整度达到10%，扣2分	10				
			实施过程中，步骤记录不完整度达到20%，扣3分					
			实施过程中，步骤记录不完整度达到40%，扣5分					
4	检查 评价 （60分）	电器元件 检查	不会用仪表检测元件质量好坏，扣2分	5				
			仪表使用方法不正确，扣3分					
		电器元件安装	电器元件布置不整齐、不均匀、不合理，每只扣2分	10				
			电器元件安装不牢固、安装元件时漏装螺钉，每处扣1分					
			损坏元件，每只扣2分					
		布线	电动机运行正常，但未按电路图接线，扣3分	25				
			布线整体不美观，主电路、控制电路每处扣2分					
			接点松动、接头露铜过长、反圈、压绝缘层，标记线号不清楚、遗漏或误标，每处扣1分					
			布线不横平竖直，主、控制电路每根扣0.5分					
			导线乱敷设，扣10分					
			电源、电动机配线和按钮接线没接端子排上，每根扣0.5分					

(续)

序号	工作过程	主要内容	评分标准	配分	学生（自评）		教师	
					扣分	得分	扣分	得分
4	检查评价（60分）	布线	损伤导线绝缘或线芯，每根扣2分	20				
			遗漏保护线装配，扣2分					
		调试效果	主电路、控制电路配错熔体，每个扣1分					
			热继电器整定值错误，扣1分					
			一次试运行不成功扣5分，两次试运行不成功扣10分，三次试运行不成功扣15分					
			试运行超时，扣5分					
5	职业规范、团队合作（10分）	安全文明生产	违反安全文明操作规程，扣3分	3				
		组织协调与合作	团队合作较差，小组不能配合完成任务，扣3分	3				
		交流与表达能力	不能用专业语言正确流利简述任务成果，扣4分	4				
			合计	100				

学生自评总结	
教师评语	
学生签字	年 月 日
教师签字	年 月 日

2.4.8 知识能力测试

1. 填空

（1）位置开关是一种将机械信号转换为电信号，以控制运动部件的位置和行程的自动控制电器。位置开关包括_____和_____等。

（2）各种位置开关的基本结构大体相同，都是由_____、操作机构和_____组成。

（3）如果位置开关的杠杆已偏转但触头不动，故障的原因一般为位置开关的位置装得太低或触头_____。

2. 判断

（1）位置开关按其触头动作方式可分为蠕动型和瞬动型。（　　）

（2）为了使位置开关触头在生产机械缓慢运动时仍能快速分合，一般将触头动作不设

计成跳跃式瞬动结构。（   ）

（3）应定期清扫位置开关，以免触头接触不良而达不到行程和限位控制目的。（   ）

（4）位置开关必须牢固安装在合适的位置上。安装后，必须用手动工作台或受控机械进行试验，合格后才能使用。（   ）

（5）一般一个接线端子只能连接 3 根导线，如果采用专门的设计的端子，可以连接 3 根或多根导线。（   ）

3. 问答

（1）位置开关的选择及维护方法有哪些？

（2）试分析工作台自动往返控制电路的原理。

4. 训练内容

安装行车位置控制电路（见图 2-18），并通电调试。行车位置控制电路的工作原理如下：

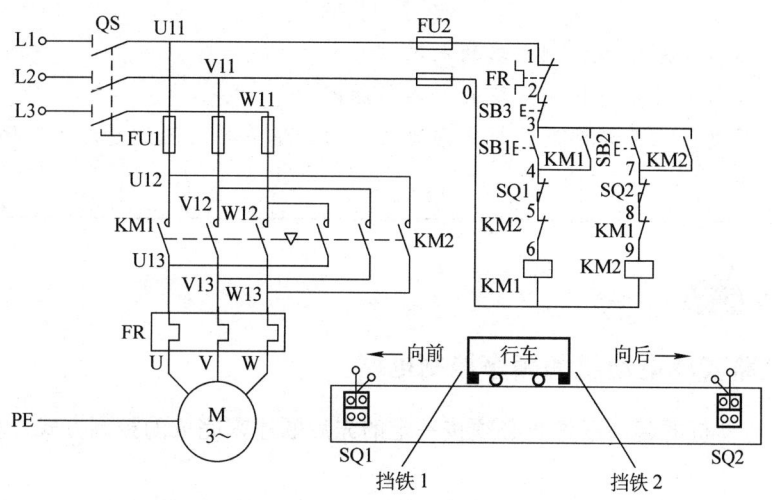

图 2-18 行车位置控制电路

1）行车向前运动：

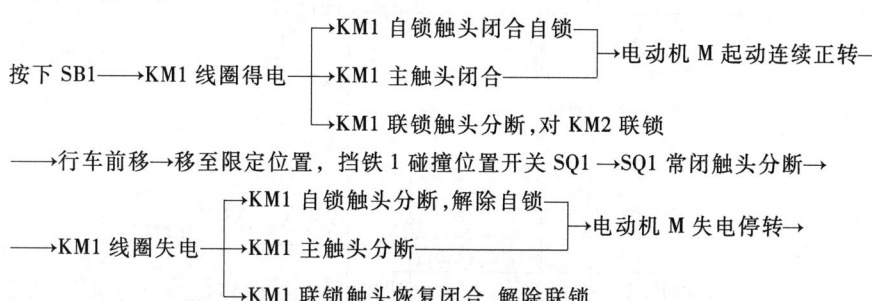

——→行车停止前移

此时，即使再按下 SB1，由于 SQ1 常闭触头分断，接触器 KM 线圈也不会得电，保证了行车不会超过 SQ1 所在位置。

2）行车向后运动：

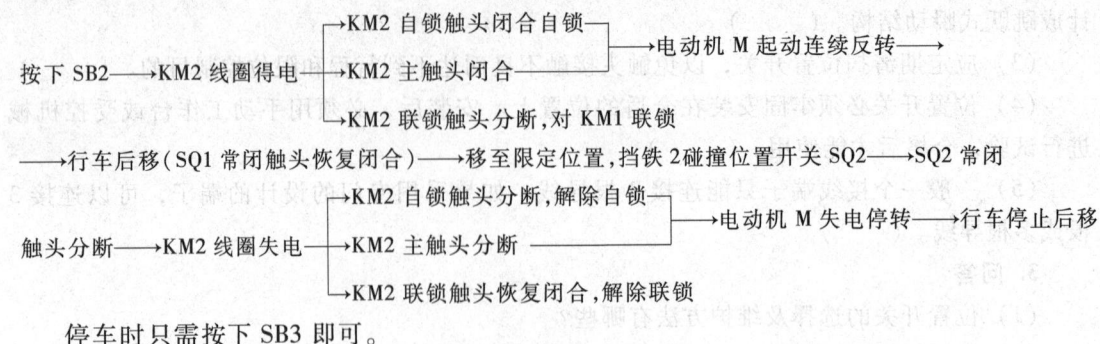

停车时只需按下 SB3 即可。

任务 2.5　顺序运行控制电路的安装与调试

> **教 学 目 的**
> 知识能力：掌握顺序运行控制电路的原理。
> 技能能力：掌握顺序运行控制电路的安装与调试。
> 社会能力：培养学生分析问题、解决问题的能力；培养学生的沟通能力及团队协作精神。

 知识能力

2.5.1　主电路实现电动机的顺序控制电路

要求几台电动机的起动或停止必须按一定的先后顺序来完成的控制方式，称为电动机的顺序控制。

主电路实现电动机的顺序控制电路如图 2-19 所示。电动机 M1 和 M2 分别通过接触器 KM1 和 KM2 来控制，接触器 KM2 的主触头接在接触器 KM1 主触头的下面，这样保证了当

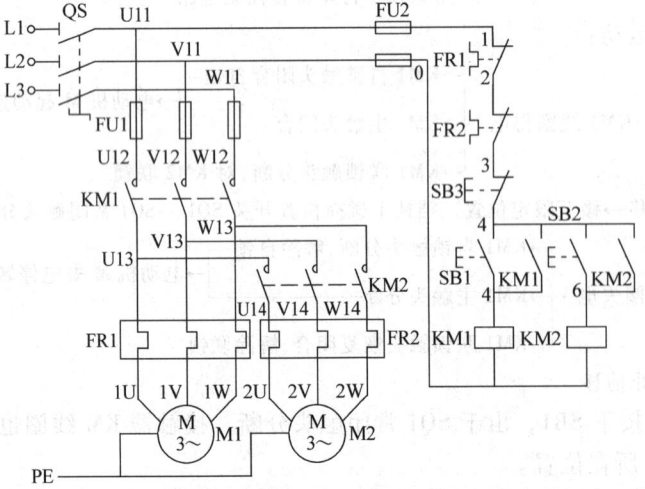

图 2-19　主电路实现电动机的顺序控制电路

前 KM1 主触头闭合、电动机 M1 起动运转后，M2 才可能接通电源运转。

工作原理如下：

按下 SB1──→KM1 线圈得电──┬──→KM1 主触头闭合─────────┐
　　　　　　　　　　　　　└──→KM1 自锁触头闭合自锁　　　│
──→电动机 M1 起动连续运转　←─────────────────────────┘

　　　　　　　　　　　　　　　┌──→KM2 主触头闭合──→电动机 M2 起动连续运转。
──→再按下 SB2──→KM2 线圈得电─┴──→KM2 自锁触头闭合自锁

按下 SB3──→控制电路失电──→KM1、KM2 主触头分断──→电动机 M1、M2 同时停转。

▶ 技能能力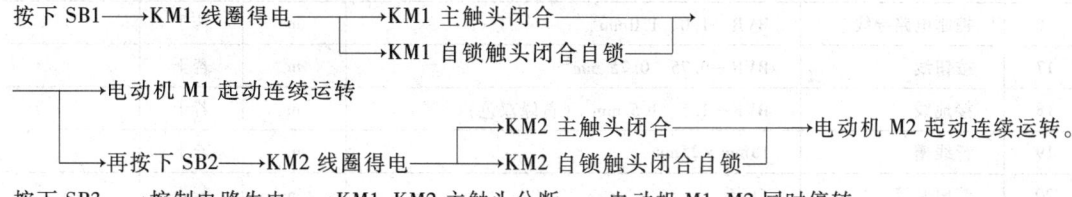

2.5.2　工作任务描述

有两台三相交流异步电动机，其中一台电动机的规格是：Y—100L1—4，2.2kW，额定电压为 380V，额定电流为 5A，星形联结，1420r/min；另一台电动机的规格是：Y90S—2，1.5 kW，额定电压为 380V，额定电流为 3.4A，星形联结，2845r/min。现需要对它们进行顺序运行控制，并安装与调试。

2.5.3　工具、仪表及材料

所需工具、仪表及材料见表 2-18。

表 2-18　工具、仪表及材料

序号	名称	型号与规格	单位	数量	备注
1	三相四线电源	~3×380/220 V，20 A	处	1	
2	三相交流异步电动机	Y—110L—4，2.2kW，额定电压为 380 V，额定电流为 5A，星形联结，1420r/min	台	1	
3	三相交流异步电动机	Y90S—2，1.5 kW，额定电压为 380V，额定电流为 3.4A，星形联结，2845r/min	台	1	
4	配线板	500 mm×600 mm×20 mm	块	1	
5	组合开关	HZ10—25/3、三极、380V，25A	只	1	
6	熔断器	RL1—60/25，380V，60A，熔体配 25A	套	3	
7	熔断器	RL1—15/2，380V，15A，熔体配 2A	套	2	
8	接触器	CJ10—20，线圈电压为 380V，20 A	只	1	
8	接触器	CJ10—10，线圈电压为 380V，10 A	只	1	
9	热继电器	JR16—20/3、三极、20A，整定电流为 8.8A	只	1	
10	热继电器	JR16—20/3、三极、20A，整定电流为 3.4A	只	1	
11	按钮	LA10—3H、保护式、按钮数 3	只	1	
12	木螺钉	ϕ3mm×20 mm，ϕ3mm×15 mm	个	30	
13	平垫圈	ϕ4 mm	个	30	
14	圆珠笔	自定	支	1	
15	主电路导线	BVR—1.5，1.5mm²（黑色）	m	若干	

(续)

序号	名称	型号与规格	单位	数量	备注
16	控制电路导线	BVR—1.0、1.0mm²	m	若干	
17	按钮线	BVR—0.75、0.75 mm²	m	若干	
18	接地线	BVR—1.5、1.5 mm²（黄绿双色）	m	若干	
19	行线槽	18mm×25mm	m	若干	
20	编码套管	自定	m	若干	
21	劳保用品	绝缘鞋、工作服等	套	1	
22	万用表	MF47 型	只	1	

2.5.4 操作工艺要点

1) 按表 2-18 配齐所用元器件，并进行质量检验。

2) 根据图 2-19 绘制布置图，如图 2-20 所示，并安装电器元件和行线槽，电器元件安装应牢固，并贴上醒目的文字符号。

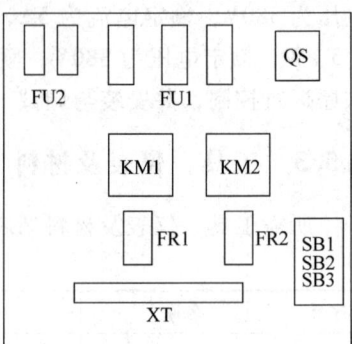

3) 在控制电路板上按图 2-19 所示电路进行板前线槽布线，并在导线端部套编码套管和冷压接线头。

4) 安装电动机，可靠连接电动机和电器元件金属外壳的保护接地线。

5) 连接控制电路板外部的导线。

6) 自检。

7) 校验，经检查无误后通电试运行。

图 2-20 布置图

注意事项

1) 通电试运行前，应熟悉电路的操作顺序，即先合上电源开关 QS，然后按下 SB1，再按 SB2 顺序起动。

2) 通电试运行时，注意观察电动机、各电器元件及电路各部分工作是否正常。若发现异常情况，必须立即切断电源开关 QS，因为此时停止按钮 SB3 有可能已失去作用。

3) 安装应在规定的时间内完成，同时要做到安全操作和文明生产。

2.5.5 任务单

任务单见表 2-19。

表 2-19 任务单

任务名称	顺序运行控制电路	学时		班级	
学生姓名		学生学号		任务成绩	
实训材料与仪表	参阅 2.5.3 节	实训场地		日期	
任务内容	安装并调试主电路实现电动机的顺序运行控制电路				
任务目的					

（续）

（一）资讯
资讯问题： 资讯引导：《电气控制线路安装与维修》作者：王建 出版社：中国劳动出版社
（二）决策与计划
（三）实施
（四）检查（评价）

2.5.6 考核标准

考核标准见表2-20。

表2-20 考核标准

序号	工作过程	主要内容	评分标准	配分	学生（自评）		教师	
					扣分	得分	扣分	得分
1	资讯 （10分）	任务相关 知识查找	查找相关知识学习，该任务知识能力掌握度达到60%，扣5分	10				
			查找相关知识学习，该任务知识能力掌握度达到80%，扣2分					
			查找相关知识学习，该任务知识能力掌握度达到90%，扣1分					
2	决策计划 （10分）	确定方案、编写计划	制定整体设计方案，在实施过程中修改一次，扣2分	10				
			制定实施方法，在实施过程中修改一次，扣2分					

（续）

序号	工作过程	主要内容	评分标准	配分	学生（自评）		教师	
					扣分	得分	扣分	得分
3	实施（10分）	记录实施过程步骤	实施过程中，步骤记录不完整度达到10%，扣2分	10				
			实施过程中，步骤记录不完整度达到20%，扣3分					
			实施过程中，步骤记录不完整度达到40%，扣5分					
4	检查评价（60分）	电器元件检查	不会用仪表检测元件质量好坏，扣2分	5				
			仪表使用方法不正确，扣3分					
		电器元件安装	电器元件布置不整齐、不均匀、不合理，每只扣2分	10				
			电器元件安装不牢固、安装元件时漏装螺钉，每处扣1分					
			损坏元件，每只扣2分					
		布线	电动机运行正常，但未按电路图接线，扣3分	25				
			布线整体不美观，主电路、控制电路每处扣2分					
			接点松动、接头露铜过长、反圈、压绝缘层、标记线号不清楚、遗漏或误标、引出端无别径压端子，每处扣0.5分					
			布线不入行线槽，主电路、控制电路每根扣0.5分					
			导线乱敷设，扣10分					
			电源、电动机配线和按钮接线没接端子排上，每根扣0.5分					
			损伤导线绝缘或线芯，每根扣2分					
			遗漏保护线装配，扣2分					
		调试效果	主电路、控制电路配错熔体，每个扣1分	20				
			热继电器整定值错误，扣1分					
			一次试运行不成功扣5分，两次试运行不成功扣10分，三次试运行不成功扣15分					
			试运行超时，扣5分					

（续）

序号	工作过程	主要内容	评分标准	配分	学生（自评）		教师	
					扣分	得分	扣分	得分
5	职业规范、团队合作（10分）	安全文明生产	违反安全文明操作规程，扣3分	3				
		组织协调与合作	团队合作较差，小组不能配合完成任务，扣3分	3				
		交流与表达能力	不能用专业语言正确流利简述任务成果，扣4分	4				
			合计	100				

学生自评总结	
教师评语	
学生签字	年　月　日	教师签字	年　月　日

2.5.7 知识能力测试

1. 填空

（1）主电路实现电动机的顺序运行控制电路中，电动机 M1 和 M2 分别通过接触器 KM1 和 KM2 来控制，接触器 KM2 的主触头接在接触器 KM1 主触头的_____面，这样保证了当前 KM1 主触头闭合、电动机 M1 起动运转后，M2 才可能接通电源运转。

（2）主电路实现电动机的顺序运行控制电路需要_____台电动机。

（3）通电试运行前，应熟悉电路的操作顺序，即先合上电源开关 QS，然后按下_____，再按_____顺序起动。

2. 简述

简述主电路实现电动机的顺序运行控制电路的工作原理。

3. 训练内容

安装控制电路实现顺序运行控制的电路（见图2-21），并通电调试。

工作原理如下：

如图 2-21a 所示，电动机 M2 的辅助控制电路先与接触器 KM1 的线圈并联后再与 KM1 的自锁触头串接，这样保证了 M1 起动后，M2 才能起动的顺序控制要求。

如图 2-21b 所示，该电路是在电动机 M2 辅助的控制电路中串接了接触器 KM1 的常开辅

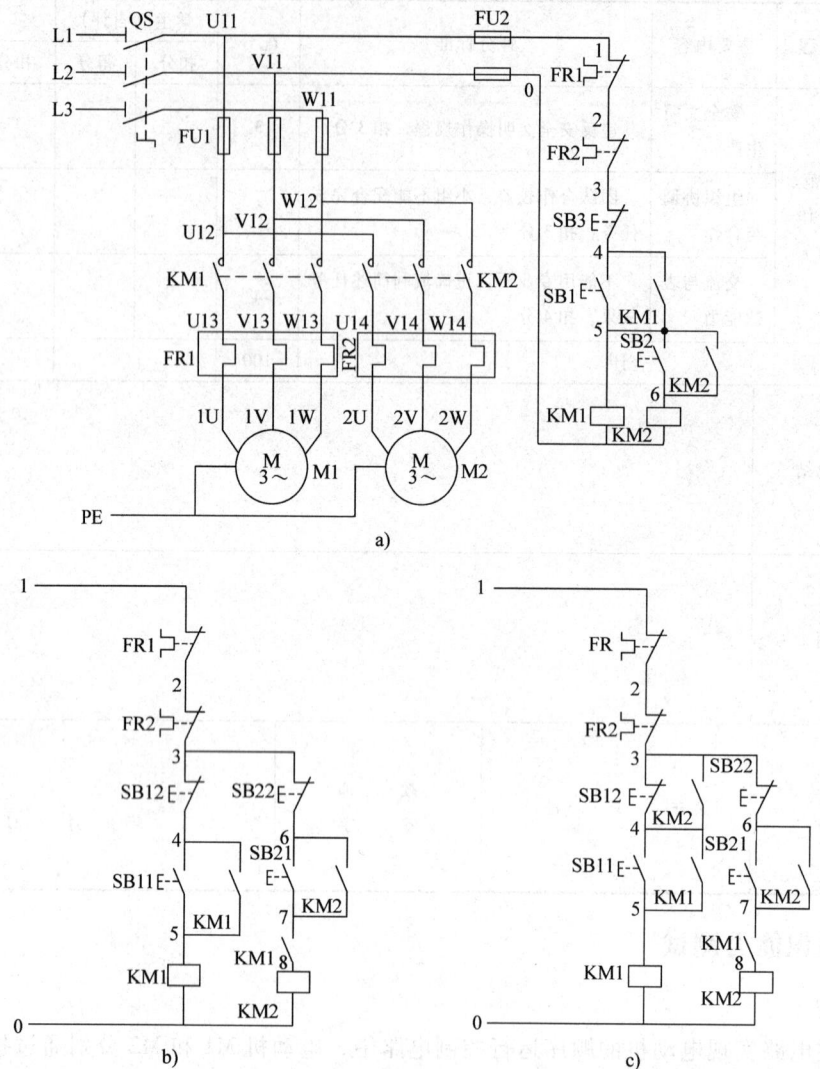

图 2-21 控制电路实现顺序运行控制电路

助触头。显然,只要 M1 不起动,即使按下 SB21,由于 KM1 的常开辅助触头未闭合,KM2 线圈也不能得电,从而保证了 M1 起动后,M2 才能起动的控制要求。线路中停止按钮 SB12 控制两台电动机同时停止,SB22 控制 M2 的单独停止。

如图 2-21c 所示,该电路是在电动机 M2 的辅助控制电路中串接了接触器 KM1 的常开辅助触头。显然,只要 M1 不起动,即使按下 SB21,由于 KM1 的常开辅助触头未闭合,KM2 线圈也不能得电,从而保证了 M1 起动后,M2 才能起动的控制要求。在 SB12 的两端并接了接触器 KM2 的常开辅助触头,从而实现了 M2 停止后 M1 才能停止的控制要求,即 M1、M2 是顺序起动,逆序停止的。

任务 2.6　定子绕组串接电阻减压起动控制电路的安装与调试

> **教　学　目　的**
>
> 知识能力：掌握定子绕组串接电阻减压起动控制电路的工作原理。
> 技能能力：掌握定子绕组串接电阻减压起动控制电路的安装与调试。
> 社会能力：培养学生分析问题、解决问题的能力；培养学生的沟通能力及团队协作精神。

▶ 知识能力

三相异步电动机起动时，加在电动机定子绕组上的电压为电动机的额定电压，属于全压起动，也称直接起动。直接起动的优点是电气设备少、电路简单、维修量较小。异步电动机直接起动时，起动电流一般为额定电流的 4~7 倍。在电源变压器容量不够大而电动机功率较大的情况下，直接起动将导致电源变压器输出电压下降，不仅会减小电动机本身的起动转矩，而且会影响同一供电线路中其他电气设备的正常工作。因此，较大功率的电动机需要采用减压起动。

减压起动是指利用起动设备将电压适当降低后加到电动机定子绕组上进行起动，待电动机起动运转后，再使其电压恢复到额定值正常运转。由于电流随电压的降低而减小，所以减压起动达到了减小起动电流之目的。因此，减压起动需要在空载或轻载下起动。

通常规定：电源容量在 180kVA 以上，电动机功率在 7kW 以下的三相异步电动机可采用直接起动。凡不满足直接起动条件的，均需采用减压起动。

减压起动方法有 4 种：定子绕组串接电阻减压起动、自耦变压器（补偿器）减压起动、星形-三角形减压起动和延边三角形减压起动。最常见有定子绕组串接电阻减压起动、自耦变压器（补偿器）减压起动 3 种。

随着科技的发展，三相异步电动机的软起动技术逐步成熟，普及越来越广泛。传统的电动机起动方式称为硬起动。所谓电动机软起动，就是在电动机起动过程中，在电动机主回路串接变频变压器件或分压器件，使电动机端电压从某一设定值自动无级上升至全压，电动机转速平稳上升至额定速度的一种电动机起动方式。软起动应该有以下两个基本特点：一是在整个起动过程中电动机平稳加速，无机械冲击；二是尽可能降低起动电流，切换时没有电流冲击。

2.6.1　定子绕组串接电阻减压起动控制电路分析

定子绕组串接电阻减压起动是指在电动机起动时，把电阻串接在电动机定子绕组与电源之间，通过电阻的分压作用来降低定子绕组上的起动电压，待电动机起动后，再将电阻短接，使电动机在额定电压下正常运行。定子绕组串接电阻减压起动控制电路如图 2-22 所示。

线路工作原理如下：

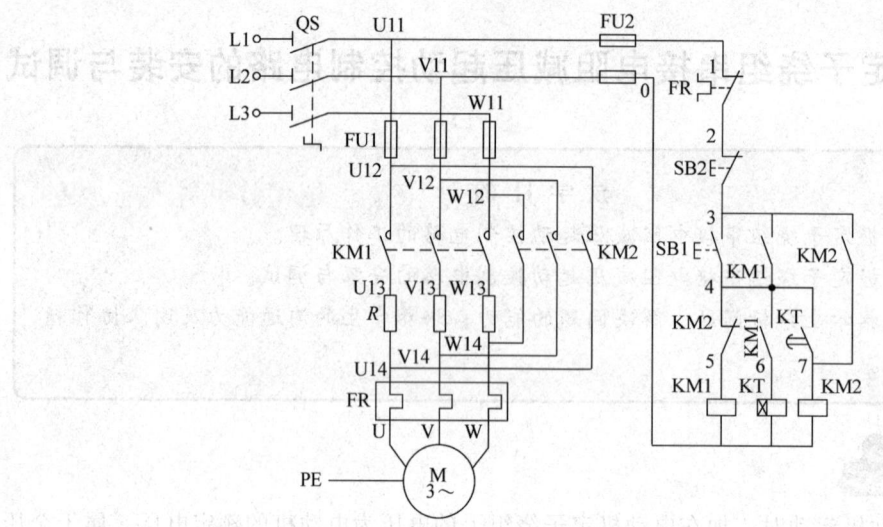

图 2-22 定子绕组串接电阻减压起动控制电路

合上电源开关 QS,按下 SB1 →
- → KM1 线圈得电 → KM1 自锁触头闭合自锁
  → KM1 主触头闭合 → 电动机 M 串接电阻 R 减压起动
- → KT 线圈得电 → 至转速上升一定值时,KT 延时结束 → KT 常开触头闭合 →
→ KM2 线圈得电 → KM2 主触头闭合 → R 被短接 → 电动机 M 全压运转

停止时,按下 SB2 即可实现。

串接电阻减压起动的缺点是减小了电动机的起动转矩,同时起动时在电阻上的功率消耗也较大。如果起动频繁,则电阻的温度会很高,对于精密的机床会产生一定的影响,故目前这种减压起动的方法在生产实际中的应用正在逐步减少。

2.6.2 起动电阻器

电阻器是具有一定电阻值的电器元件,电流通过时,在它上面将产生电压降。利用电阻器这一特性,可控制电动机的起动、制动及调速。常用的电阻器有铸铁电阻器、板形(框架式)电阻器、铁铬合金电阻器和管形电阻器。

1) 铸铁电阻器的型号为 ZX1,它由铸或冲压成形的电阻片组装而成,取材方便、价格低廉,有良好的耐腐蚀性和较大的发热时间常数,但性脆易断、电阻值较小、温度系数较大。铸铁电阻器适用于交流低压电路中,供电动机起动、调速、制动及放电等用。

2) 板形电阻器的型号为 ZX2,该系列电阻器是由 ZB1 型康铜带绕元件或 ZB2 型康铜线绕元件组成,其特点是耐振,具有较高的机械强度。板形电阻器适用于交、直流低压电路,且较适用于要求耐振的场合。

3) 铁铬铝合金电阻器有 ZX9 和 ZX15 两种型号。前者由铁、铬、铝合金电阻带轧成波浪形式,电阻器为敞开式,计算功率约为 4.6kW;后者由 ZY 型铁、铬、铝合金带制成螺旋管状电阻元件装配而成,其计算功率约为 4.6 kW。适用于大、中容量电动机的起动、制动和调速。

4) 管形电阻器是电力电子电路理想的配套产品,其外形美观,广泛应用于电源、变频器电路中,能在恶劣的工作环境中使用,易安装,附加散热装置,耐震动。

起动电阻 R 一般采用 ZX1、ZX2 系列铸铁电阻器。铸铁电阻器能够通过较大电流,功率

大。起动电阻 R 可按下列近似公式确定:

$$R = \frac{220}{I_{ed} K_q} \sqrt{\frac{K_q}{K_{qr}} - 1}$$

式中　　R——每相起动限流电阻的阻值（Ω）;

　　　　I_{ed}——电动机的额定电流（A）;

　　　　K_q——不加起动限流电阻时，电动机的起动电流与额定电流之比（有手册可查）;

　　　　K_{qr}——加入起动限流电阻后，电动机的起动电流与额定电流之比，可根据需要选取。

电阻功率可用公式 $P = I^2 R$ 计算。由于起动电阻 R 仅在起动过程中接入，且起动时间很短，所以实际选用的电阻功率可比计算值减小 3～4 倍。

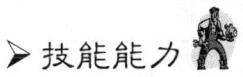 技能能力

2.6.3　工作任务描述

有一台三相交流异步电动机（Y—112M—4，4kW，额定电压为 380V，额定电流为 8.8A，三角形联结，1440r/min），现需要对它进行定子绕组串接电阻减压起动控制，并安装与调试。

2.6.4　工具、仪表及材料

所需工具、仪表及材料见表 2-21。

表 2-21　工具、仪表及材料

序号	名称	型号与规格	单位	数量	备注
1	三相四线电源	~3×380/220 V，20 A	处	1	
2	三相电动机	Y—112M—4，4kW，额定电压为 380V，额定电流为 8.8A，三角形联结，1440r/min	台	1	
3	配线板	500 mm×600 mm×20 mm	块	1	
4	组合开关	HZ10—25/3	个	1	
5	熔断器	RL1—60/25，380V，60A，熔体配 25A	套	3	
6	熔断器	RL1—15/2，380V，15A，熔体配 2A	套	2	
7	接触器	CJ10—20，线圈电压为 380V，20 A	只	2	
8	热继电器	JR16—20/3，三极，20A，整定电流为 8.8A	只	1	
9	按钮	LA10—3H，保护式，按钮数 3	只	1	
10	电阻器	ZX2—2/0.7/3，22.3A，7Ω，每片电阻为 0.7Ω	片	3	
11	时间继电器	JS7—2A	只	1	
11	木螺钉	φ3mm×20 mm; φ3mm×15 mm	个	30	
12	平垫圈	φ4 mm	个	30	
13	圆珠笔	自定	支	1	
14	主电路导线	BVR—1.5，1.5mm²（黑色）	m	若干	
15	控制电路导线	BVR—1.0，1.0mm²	m	若干	

序号	名称	型号与规格	单位	数量	备注
16	按钮线	BVR—0.75，0.75 mm²	m	若干	
17	接地线	BVR—1.5，1.5 mm²（黄绿双色）	m	若干	
18	行线槽	18mm×25mm	m	若干	
19	编码套管	自定	m	若干	
20	电工通用工具	验电笔、钢丝钳、螺钉旋具（一字槽和十字槽）、电工刀、尖嘴钳、活扳手、剥线钳等	套	1	
21	万用表	自定	块	1	
22	绝缘电阻表	型号自定，或 500 V，0～200 MΩ	台	1	
23	钳形电流表	0～50 A	块	1	
24	劳保用品	绝缘鞋、工作服等	套	1	

2.6.5 操作工艺要点

1）按表 2-21 配齐所用电器元件，并检验元件质量。

2）根据图 2-22 所示电路，画出布置图如图 2-23 所示。

3）在控制电路板上按布置图安装除电动机、电阻器以外的电器元件，并贴上醒目的文字符号。

4）进行板前线槽布线、套编码套管和冷压接线头。

5）安装电动机、电阻器。

6）可靠连接电动机和电器元件金属外壳的保护接地线，连接控制电路板外部的导线。

7）自检。

8）交验，检查无误后通电试运行。

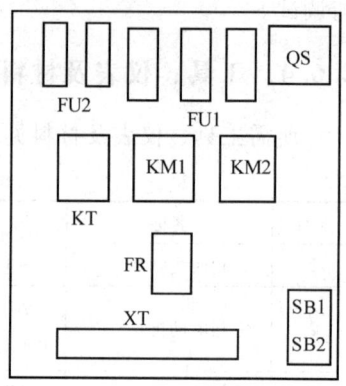

图 2-23 布置图

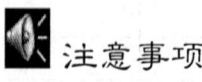 注意事项

1）装时间继电器时，依据电路图的要求首先检查时间继电器状态，如果发现是断电延时型时间继电器，应将线圈部分转动 180°，改为通电延时型时间继电器。无论是通电延时型还是断电延时型，都必须使时间继电器在断电之后，释放时衔铁的运动垂直向下，其倾斜度不得超过 5°。时间继电器整定时间旋钮的刻度值应正对安装人员，以便安装人员看清，容易调整。

2）时间继电器和热继电器的整定值，应在不通电时预先整定好，并在试运行时校正。

3）电阻器要安装在箱体内，并且要考虑其产生的热量对其他电器的影响。需将电阻器置于箱外时，应采取遮护或隔离措施，以防止发生触电事故。

4）布线时，要注意短接电阻器的接触器 KM2 在主电路的接线不能接错，否则，会由于相序接反而造成电动机反转。

2.6.6 任务单

任务单见表 2-22。

表 2-22 任务单

任务名称	定子绕组串接电阻减压起动控制	学时		班级	
学生姓名		学生学号		任务成绩	
实训材料与仪表	参阅 2.6.4	实训场地		日期	
任务内容	安装并调试定子绕组串接电阻减压起动控制电路				
任务目的					
(一) 资讯 资讯问题: 资讯引导: 1)《机床电器自动控制(第二版)》作者: 陈远龄编著 出版社: 重庆大学出版社 　　　　　2)《机床电器与可编程序控制器》作者: 姚永刚编著 出版社: 机械工业出版社					
(二) 决策与计划 					
(三) 实施 					
(四) 检查(评价) 					

2.6.7 考核标准

考核标准见表 2-23。

表 2-23 考核标准

序号	工作过程	主要内容	评分标准	配分	学生(自评)		教师	
					扣分	得分	扣分	得分
1	资讯 (10分)	任务相关 知识查找	查找相关知识学习,该任务知识能力掌握度达到60%,扣5分 查找相关知识学习,该任务知识能力掌握度达到80%,扣2分 查找相关知识学习,该任务知识能力掌握度达到90%,扣1分	10				

（续）

序号	工作过程	主要内容	评分标准	配分	学生（自评）		教师	
					扣分	得分	扣分	得分
2	决策计划 （10分）	确定方案、编写计划	制定整体设计方案，在实施过程中修改一次，扣2分	10				
			制定实施方法，在实施过程中修改一次，扣2分					
3	实施 （10分）	记录实施过程步骤	实施过程中，步骤记录不完整度达到10%，扣2分	10				
			实施过程中，步骤记录不完整度达到20%，扣3分					
			实施过程中，步骤记录不完整度达到40%，扣5分					
4	检查评价 （60分）	电器元件检查	不会用仪表检测元件质量好坏，扣2分	5				
			仪表使用方法不正确，扣3分					
		电器元件安装	电器元件布置不整齐、不均匀、不合理，每只扣2分	10				
			电器元件安装不牢固、安装元件时漏装螺钉，每处扣1分					
			损坏元件，每只扣2分					
		布线	电动机运行正常，但未按电路图接线，扣3分	25				
			布线整体不美观，主电路、控制电路每处扣2分					
			接点松动、接头露铜过长、反圈、压绝缘层、标记线号不清楚、遗漏或误标，引出端无别径压端子，每处扣0.5分					
			布线不入行线槽，主电路、控制电路每根扣0.5分					
			导线乱敷设，扣10分					
			电源、电动机配线和按钮接线没接端子排上，每根扣0.5分					
			损伤导线绝缘或线芯，每根扣2分					
			遗漏保护线装配，扣2分					
		调试效果	主电路、控制电路配错熔体，每个扣1分	20				
			时间继电器及热继电器整定值错误，各扣1分					
			一次试运行不成功扣5分，两次试运行不成功扣10分，三次试运行不成功扣15分					
			试运行超时，扣5分					

序号	工作过程	主要内容	评分标准	配分	学生（自评）		教师	
					扣分	得分	扣分	得分
5	职业规范、团队合作（10分）	安全文明生产	违反安全文明操作规程，扣3分	3				
		组织协调与合作	团队合作较差，小组不能配合完成任务，扣3分	3				
		交流与表达能力	不能用专业语言正确流利简述任务成果，扣4分	4				
		合计		100				

学生自评总结			
教师评语			
学 生 签 字	年 月 日	教 师 签 字	年 月 日

2.6.8 知识能力测试

1. 填空

（1）在电源变压器容量不够大而电动机功率较大的情况下，直接起动将导致电源变压器输出电压_____。

（2）所谓电动机软起动，就是在电动机起动过程中，在电动机主回路串接_____器件或_____，使电动机端电压从某一设定值自动无级上升至_____，电动机转速平稳上升至额定速度的一种电动机起动方式。

（3）常用的电阻器有_____、板形（框架式）电阻器、_____电阻器和管形电阻器。

2. 判断

（1）较大功率的电动机不需要采用减压起动。（　　）

（2）电源容量在180kVA以上，电动机功率在7kW以下的三相异步电动机可采用直接起动。（　　）

（3）电阻器是具有一定电阻值的电器元件，电流通过时，在它上面不会产生电压降。（　　）

（4）电阻器要安装在箱体内，并且要考虑其产生的热量对其他电器的影响。（　　）

（5）电阻功率可用公式 $P = I^2R$ 计算。由于起动电阻 R 仅在起动过程中接入，且起动时间很短，所以实际选用的电阻功率可比计算值减小3~4倍。（　　）

3. 简述

简述定子绕组串接电阻减压起动控制电路的工作原理。

4. 训练内容

安装定子绕组串接电阻减压起动控制线路（见图2-24），并通电调试。

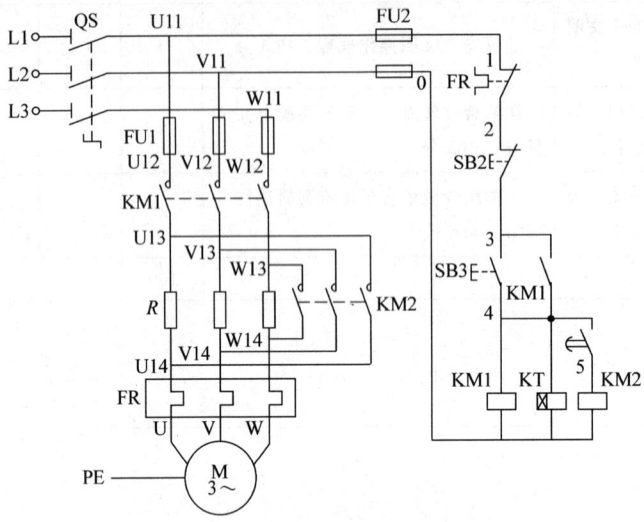

图2-24 定子绕组串接电阻减压起动控制电路

任务2.7 自耦变压器减压起动控制电路的安装与调试

教　学　目　的

知识能力：掌握自耦变压器减压起动控制电路的工作原理。

技能能力：掌握自耦变压器减压起动控制电路的安装与调试。

社会能力：培养学生分析问题、解决问题的能力；培养学生的沟通能力及团队协作精神。

▶知识能力

2.7.1 中间继电器

中间继电器是将一个输入信号变成一个或多个输出信号的继电器。它的输入信号为线圈的通电和断电，它的输出信号是触头的动作，不同动作状态的触头分别将信号传给几个元件或回路。

1. 中间继电器的基本结构及工作原理

中间继电器的基本结构及工作原理与接触器基本相同，故称为接触器式继电器。不同的是中间继电器的触头对数较多，并且没有主、辅之分，各对触头允许通过的电流大小是相同的（额定电流为5A）。

常用的交流中间继电器是JZ7系列中间继电器，其结构如图2-25所示，与小容量交流接触器类同。

JZ7 系列中间继电器采用立体布置，铁心和衔铁用 E 形硅钢片叠装而成，线圈置于铁心中柱，组成双 E 直动式电磁系统。触头采用桥式双断点结构，上、下两层各有 4 对触头，下层触头只能是常开的，故触头系统可按 8 常开、6 常开、2 常闭及 4 常开、4 常闭组合。

中间继电器的主要用途有两个：一是当电压或电流继电器触头容量不够时，可借助中间继电器来控制，用中间继电器作为执行元件，这时中间继电器可被看成是一级放大器；二是当其他继电器或接触器触头数量不够时，可利用中间继电器来切换多条电路。

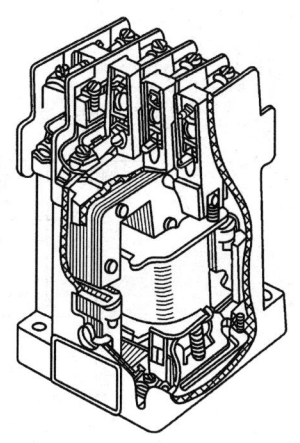

图 2-25 JZ7 系列中间继电器的结构

2. 中间继电器的型号、电气图形及文字符号

中间继电器的型号、电气图形及文字符号如图 2-26 所示。

3. 中间继电器的选择

中间继电器的选择主要依据被控制电路的电压等级，所需触头的数量、种类、容量等要求来选择。

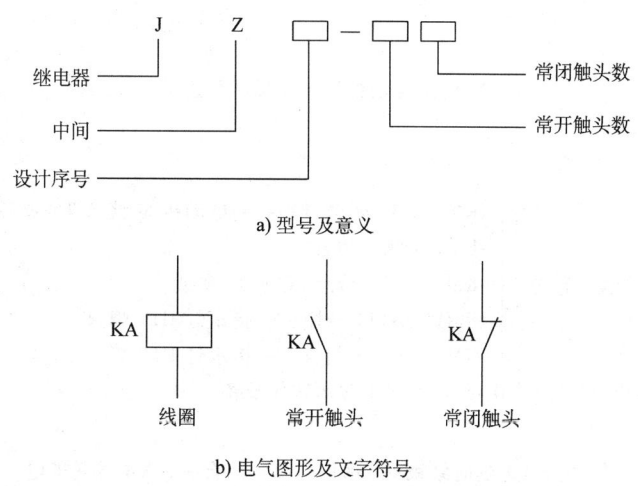

图 2-26 中间继电器的型号、电气图形及文字符号

2.7.2 Xj01 型自动控制补偿器减压起动控制电路分析

Xj01 型自动控制补偿器减压起动控制电路如图 2-27 所示。Xj01 系列自动控制补偿器是广泛应用于自耦变压起动的自动控制设备，适用于交流为 50Hz、电压为 380V、功率为 14～75kW 的三相笼型异步电动机的降压起动。

Xj01 系列自动控制补偿器是由自耦变压器、交流接触器、中间继电器、热继电器、时间继电器和按钮等电器元件组成。自耦变压器备有 60% 额定电压及 80% 额定电压两挡抽头。补偿器具有过载和失压保护，最大起动时间为 2min（包括一次或连续数次起动时间的总和），若起动时间超过 2min，则起动后的冷却时间应不少于 4h 才能再次起动。XJ01 型自动控制补偿器减压起动控制电路分成主电路、控制电路和指示电路 3 个部分，点画线框内的按钮是异地控制按钮。

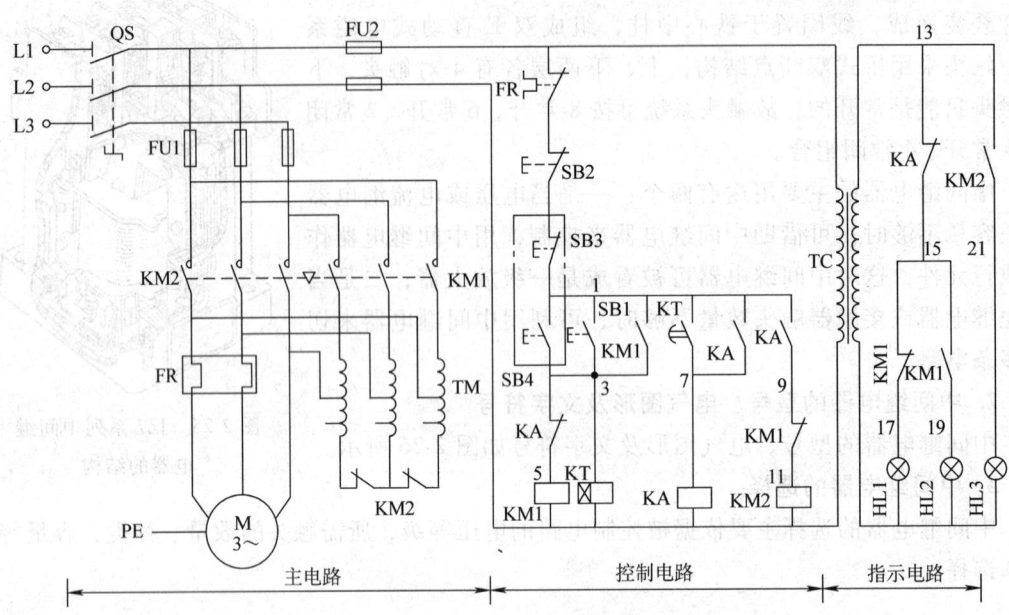

图 2-27　Xj01 型自动控制补偿器降压起动控制线路

工作原理如下：

减压起动：

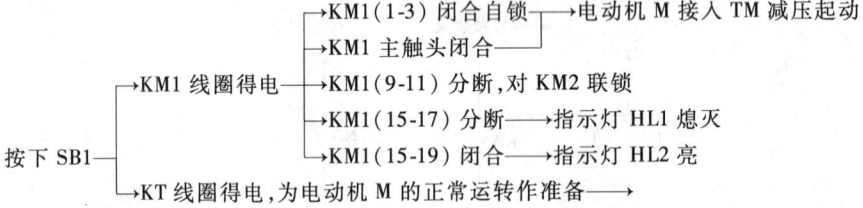

全压运转：

当 M 转速上升到一定值时，KT 延时结束──→KT（1-7）闭合──→KA 线圈得电──→

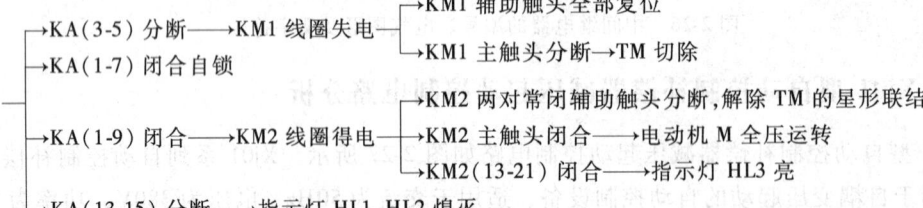

由以上分析可见，指示灯 HL1 亮，表示电源有电，电动机处于停止状态；指示灯 HL2 亮，表示电动机处于减压起动状态；指示灯 HL3 亮，表示电动机处于全压运行状态。停止时，按下停止按钮 SB2，控制电路失电，电动机停转。

自耦变压器减压起动的优点是起动转矩和起动电流可以调节，缺点是设备庞大、成本较高。因此，这种减压起动方法适用于额定电压为 220/380V、三角形/星形联结、功率较大的三相异步电动机的减压起动。

▶ 技能能力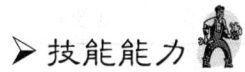

2.7.3 工作任务描述

有一台三相交流异步电动机（Y—132M—4，7.5 kW，额定电压为380V，额定电流为15.4A，三角形联结，1440r/min），现需要对它进行自耦变压器减压起动控制，并安装与调试。

2.7.4 工具、仪表及材料

所需工具、仪表及材料见表2-24。

表 2-24 工具、仪表及材料

序号	名称	型号与规格	单位	数量	备注
1	三相四线电源	~3×380/220V，20A	处	1	
2	单相交流电源	~220V 和 36V，5A	处	1	
3	三相电动机	Y—132M—4，7.5kW，额定电压为380V，额定电流为15.4A，三角形联结，1440r/min	台	1	
4	配线板	500mm×600mm×20mm	块	1	
5	组合开关	HZ10—25/3	个	1	
6	交流接触器	CJ10—10，线圈电压380V 或 CJ10—20，线圈电压380V	只	3	图2-27中KA在实验中也用交流接触器代替
7	热继电器 FR	JR16—20/3，整定电流为10~16A	只	1	
8	时间继电器 KT	JS7—4A，线圈电压为380V	只	1	
9	熔断器及熔体配套	RL1—60/20	套	3	
10	熔断器及熔体配套	RL1—15/4	套	2	
11	按钮	LA10—3H 或 LA4—3H	个	2	
12	接线端子排	JX2—1015，500V，10A，15节或配套自定	条	1	
13	木螺钉	ϕ3mm×20mm；ϕ3mm×15mm	个	30	
14	平垫圈	ϕ4mm	个	30	
15	圆珠笔	自定	支	1	
16	塑料软铜线	BVR—2.5mm^2，颜色自定	m	20	
17	塑料软铜线	BVR—1.5mm^2，颜色自定	m	20	
18	塑料软铜线	BVR—0.75mm^2，颜色自定	m	5	
19	别径压端子	UT2.5—4，UT1—4	个	20	
20	行线槽	TC3025，长34cm，两边打ϕ3.5mm孔	条	5	
21	异形塑料管	ϕ3mm	m	0.2	
22	自耦变压器 TA	GTZ	台	1	定制抽头电压65% U_N
23	变压器	380V/36V，50VA	只	1	
24	指示灯 HL1，HL2，HL3	36V	只	3	

（续）

序号	名称	型号与规格	单位	数量	备注
25	电工通用工具	验电笔、钢丝钳、螺钉旋具（一字槽和十字槽）、电工刀、尖嘴钳、活扳手、剥线钳等	套	1	
26	万用表	自定	块	1	
27	绝缘电阻表	型号自定，或500V、0～200MΩ	台	1	
28	钳形电流表	0～50 A	块	1	
29	劳保用品	绝缘鞋、工作服等	套	1	

2.7.5 操作工艺要点

1) 电器元件检查。按表2-24将所需器材配齐并检验元件质量。

2) 绘制布置图。根据图2-27绘制出布置图，如图2-28所示。

3) 固定电器元件。在控制电路板上将备好的所有电器元件按图2-28进行安装固定。

4) 进行槽板布线。

5) 安装电动机并接线。

6) 连接电源。

7) 自检后交验。

8) 试运行。

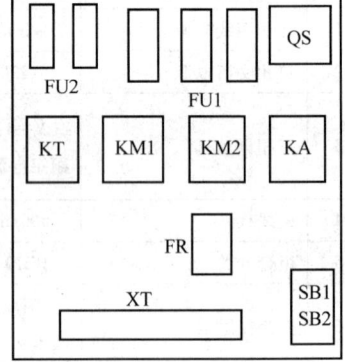

图 2-28　布置图

注意事项

1) 时间继电器和热继电器的整定值，应在不通电时预先整定好，并在试运行时校正。

2) 时间继电器的安装位置必须使继电器在断电后，支架铁心释放时的运动方向垂直向下。

3) 电动机和自耦变压器的金属外壳及时间继电器的金属底板必须可靠接地，并应将接地线接到它们指定的接地螺钉上。

4) 自耦变压器要安装在箱体内，否则，应采取遮护或隔离措施，并在进、出线的端子上进行绝缘处理，以防止发生触电事故。

5) 若无自耦变压器，可采用两组灯箱来分别替代电动机和自耦变压器进行模拟试验，三相规格必须相同。

2.7.6 任务单

任务单见表2-25。

表 2-25　任务单

任务名称	自耦变压器减压起动控制	学时		班级	
学生姓名		学生学号		任务成绩	
实训材料与仪表	参阅2.7.4节	实训场地		日期	
任务名称	安装并调试自耦变压器减压起动控制电路				
任务目的					

(续)

(一) 资讯	
资讯问题：	
资讯引导：《机床电器与控制实训》 作者：李 伟 出版社：机械工业出版社	
(二) 决策与计划	
(三) 实施	
(四) 检查（评价）	

2.7.7 考核标准

考核标准见表2-26。

表2-26 考核标准

序号	工作过程	主要内容	评分标准	配分	学生（自评）		教师	
					扣分	得分	扣分	得分
1	资讯 （10分）	任务相关 知识查找	查找相关知识学习，该任务知识能力掌握度达到60%，扣5分	10				
			查找相关知识学习，该任务知识能力掌握度达到80%，扣2分					
			查找相关知识学习，该任务知识能力掌握度达到90%，扣1分					
2	决策计划 （10分）	确定方案、 编写计划	制定整体设计方案，在实施过程中修改一次，扣2分	10				
			制定实施方法，在实施过程中修改一次，扣2分					
3	实施 （10分）	记录实施 过程步骤	实施过程中，步骤记录不完整度达到20%，扣2分	10				
			实施过程中，步骤记录不完整度达到20%，扣3分					
			实施过程中，步骤记录不完整度达到40%，扣5分					

（续）

序号	工作过程	主要内容	评分标准	配分	学生（自评）		教师	
					扣分	得分	扣分	得分
4	检查评价（60分）	电器元件检查	不会用仪表检测元件质量好坏，扣2分	5				
			仪表使用方法不正确，扣3分					
		电器元件安装	电器元件布置不整齐、不均匀、不合理，每只扣2分	10				
			电器元件安装不牢固、安装元件时漏装螺钉，每处扣1分					
			损坏元件，每只扣2分					
		布线	电动机运行正常，但未按电路图接线，扣3分	25				
			布线整体不美观，主电路、控制电路每处扣2分					
			接点松动、接头露铜过长、反圈、压绝缘层，标记线号不清楚、遗漏或误标，引出端无别径压端子，每处扣0.5分					
			布线不入行线槽，主电路、控制电路每根扣0.5分					
			导线乱敷设，扣10分					
			电源、电动机配线和按钮接线没接端子排上，每根扣0.5分					
			损伤导线绝缘或线芯，每根扣2分					
			遗漏保护线装配，扣2分					
		调试结果	主电路、控制电路配错熔体，每个扣1分	20				
			时间继电器及热继电器整定值错误，各扣1分					
			一次试行不成功扣5分，两次试运行不成功扣10分，三次试运行不成功扣15分					
			试运行超过，扣5分					
5	职业规范、团队合作（10分）	安全文明生产	违反安全文明操作规程，扣3分	3				
		组织协调与合作	团队合作较差，小组不能配合完成任务，扣3分	3				
		交流与表达能力	不能用专业语言正确流利简述任务成果，扣4分	4				
			合计	100				

学生自评总结

（续）

教师评语		
学生签字 年　月　日	教师签字	年　月　日

2.7.8　知识能力测试

1. 填空

（1）中间继电器的基本结构及工作原理与接触器基本相同，故称为接触器式继电器。不同的是中间继电器的触头对数_____，并且_____主、辅之分，各对触头允许通过的电流大小是_____。

（2）Xj01系列自动控制补偿器是由_____、交流接触器、_____、热继电器、时间继电器和按钮等电器元件组成。

（3）自耦变压器减压起动的优点是_____和_____可以调节，缺点是设备庞大，成本较高。

2. 判断

（1）中间继电器主要依据被控制电路的电压等级，所需触头的数量、种类、容量等要求来选择。（　　）

（2）补偿器不具有过载和失压保护。（　　）

（3）自耦变压器要安装在箱体内，否则应采取遮护或隔离措施，并在进、出线的端子上进行绝缘处理，以防止发生触电事故。（　　）

（4）中间继电器的主要用途和接触器作用完全一样。（　　）

3. 问答

中间继电器的作用有哪些？

4. 简述

简单叙述Xj01型自动控制补偿器减压起动控制电路的工作原理。

任务2.8　星形-三角形联结减压起动控制电路的安装与调试

教学目的

知识能力：掌握星形-三角形联结减压起动控制电路的工作原理。
技能能力：掌握星形-三角形联结减压起动控制电路的安装与调试。
社会能力：培养学生分析问题、解决问题的能力；培养学生的沟通能力及团队协作精神。

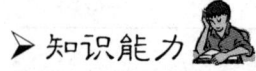 知识能力

2.8.1 时间继电器自动控制星形-三角形联结减压起动控制电路

星形-三角形联结减压起动是指电动机起动时,把定子绕组接成星形联结,以降低起动电压,限制起动电流;待电动机起动后,再把定子绕组改接成三角形联结,使电动机全压运行。凡是在正常运行时定子绕组作三角形联结的异步电动机,均可采用这种减压起动方法。

电动机起动时接成星形联结,加在每相定子绕组上的起动电压只有三角形联结的 $1/\sqrt{3}$,起动电流为三角形联结的 $1/3$,起动转矩也只有三角形联结的 $1/3$。所以这种减压起动方法,只适用于轻载或空载下起动。现以时间继电器自动控制星形-三角形联结减压起动控制电路为例进行分析。时间继电器自动控制星形-三角形联结减压起动控制电路图如图 2-29 所示。

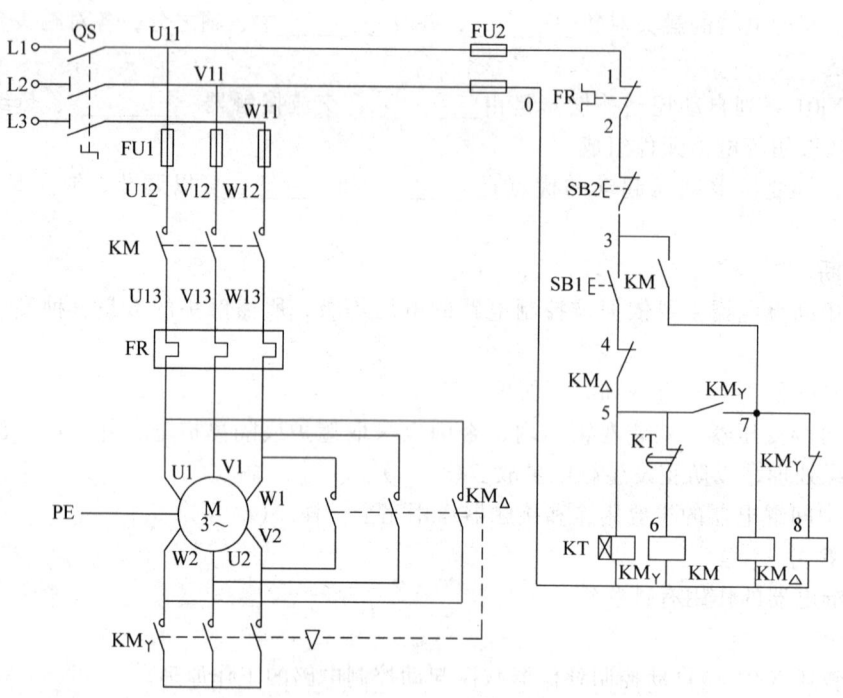

图 2-29 时间继电器自动控制星形-三角形联结减压起动电路

该控制电路由 3 个接触器、1 个热继电器、1 个时间继电器和两个按钮等组成。时间继电器 KT 用于控制星形联结减压起动时间和完成星形-三角形联结自动切换。

工作原理如下:

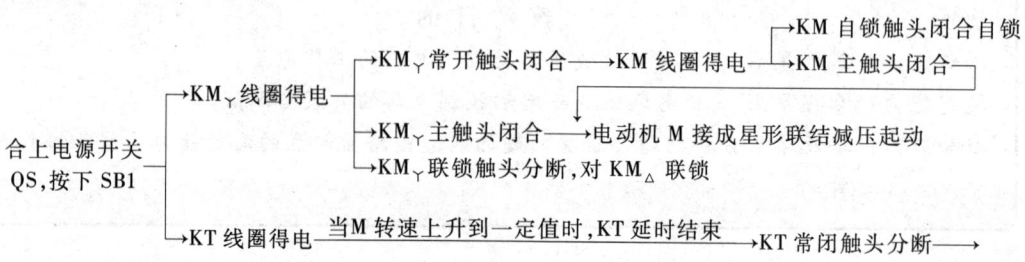

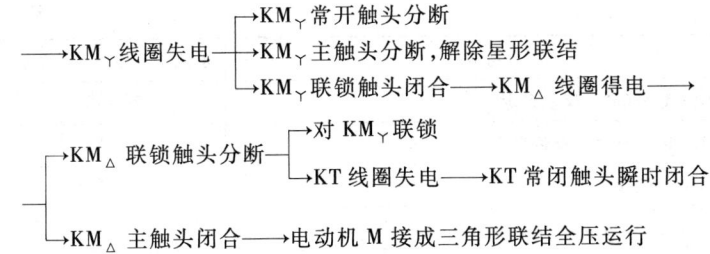

停止时按下 SB2 即可。

该控制电路中，接触器 KM_Y 得电以后，通过 KM_Y 的常开辅助触头使接触器 KM 得电动作，这样 KM_Y 主触头是在无负载的条件下进行闭合的，故可延长接触器 KM_Y 主触头的使用寿命。

> 技能能力

2.8.2 工作任务描述

有一台三相交流异步电动机（Y—132M—4，7.5 kW，额定电压为380V，额定电流为15.4A，三角形联结，1440r/min），现需要对它进行星形-三角形联结减压起动控制，并安装与调试。

2.8.3 工具、仪表及材料

所需工具、仪表及材料见表2-27。

表2-27 工具、仪表及材料

序号	名称	型号与规格	单位	数量	备注
1	三相四线电源	~3×380/220V，20 A	处	1	
2	单相交流电源	~220V 和 36V，5 A	处	1	
3	三相电动机	Y—132M—4，7.5 kW，额定电压为380V，额定电流为15.4A，三角形联结，1440r/min；或自定	台	1	
4	配线板	500mm×600mm×20mm	块	1	
5	组合开关	HZ10—25/3	个	1	
6	交流接触器	CJ10—20，线圈电压为380V	只	3	
7	热继电器	JR16—20/3，整定电流为 10~16 A	只	1	
8	时间继电器	JS7—2A，线圈电压为380V	只	1	
9	熔断器及熔体配套	RL1—60/25	套	3	
10	熔断器及熔体配套	RL1—15/2	套	2	
11	三联按钮	LA10—3H 或 LA4—3H	个	2	
12	接线端子排	JX2—1015，500V，10A，15 节或配套自定	条	1	
13	木螺钉	φ3mm×20mm；φ3mm×15mm	个	30	
14	平垫圈	φ4mm	个	30	
15	圆珠笔	自定	支	1	
16	塑料软铜线	BVR—2.5mm²，颜色自定	m	20	

(续)

序号	名称	型号与规格	单位	数量	备注
17	塑料软铜线	BVR—1.5mm², 颜色自定	m	20	
18	塑料软铜线	BVR—0.75mm², 颜色自定	m	5	
19	别径压端子	UT2.5—4, UT1—4	个	20	
20	行线槽	TC3025, 长34 cm, 两边打φ3.5 mm孔	条	5	
21	异形塑料管	φ3 mm	m	0.2	
22	电工通用工具	验电笔、钢丝钳、螺钉旋具（一字槽和十字槽）、电工刀、尖嘴钳、活扳手、剥线钳等	套	1	
23	万用表	自定	块	1	
24	绝缘电阻表	型号自定, 或500V, 0~200MΩ	台	1	
25	钳形电流表	0~50 A	块	1	
26	劳保用品	绝缘鞋、工作服等	套	1	

2.8.4 操作工艺要点

1）按表2-27配齐所用电器元件，并检验各元件质量。

2）画出布置图，如图2-30所示。

3）固定元器件。在控制电路板上按布置图安装电器元件和走线槽，并贴上醒目的文字符号。

4）布线。进行板前线槽布线，并在线头上套编码套管和冷压接线头。

5）安装电动机并接线。安装电动机前，必须检查电动机的性能。可靠连接电动机和电器元件金属外壳的保护接地线。

6）连接电源。连接控制电路板外部的导线，经检查后，再连接电源线。

7）自检并交验。

8）通电试运行。

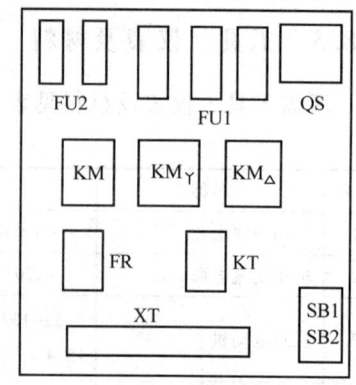

图2-30 布置图

 注意事项

1）用星形-三角形减压起动控制的电动机，必须有6个出线端子且定子绕组在三角形联结时的额定电压等于三相电源线电压。

2）接线时要保证电动机三角形联结的正确性，即接触器KM△主触头闭合时，应保证定子绕组的U1与W2、V1与U2、W1与V2相连接。

3）接触器KM丫的进线必须从三相定子绕组的末端引入，若误将其进线从三相定子绕组的首端引入，则在吸合时，会产生三相电源短路事故。

4）控制电路板外部的配线，必须按要求一律装在导线通道内，使导线有适当的机械保护，以防止液体、铁屑和灰尘的侵入。在训练时可适当降低要求，但必须以能确保安全为条件，如采用多芯橡皮线或塑料护套软线。

5）通电校验前要再检查一下熔体规格及时间继电器、热继电器的各整定值是否符合要求。

6）通电校验必须有指导教师在现场监护，学生应根据电路图的控制要求独立进行校验，若出现故障也应自行排除。

2.8.5 任务单

任务单见表2-28。

表2-28 任务单

任务名称	星形-三角形联结减压起动控制	学时		班级	
学生姓名		学生学号		任务成绩	
实训材料与仪表	参阅2.8.3节	实训场地		日期	
任务内容	安装并调试时间继电器自动控制星形-三角形联结减压起动控制电路				
任务目的					
（一）资讯 资讯问题： 资讯引导：《机床电器自动控制》　　作者：陈远龄　　出版社：重庆大学出版社					
（二）决策与计划					
（三）实施					
（四）检查（评价）					

2.8.6 考核标准

考核标准见表2-29。

表2-29 考核标准

序号	工作过程	主要内容	评分标准	配分	学生（自评）		教师	
					扣分	得分	扣分	得分
1	资讯 （10分）	任务相关 知识查找	查找相关知识学习，该任务知识能力掌握度达到60%，扣5分 查找相关知识学习，该任务知识能力掌握度达到80%，扣2分 查找相关知识学习，该任务知识能力掌握度达到90%，扣1分	10				

（续）

序号	工作过程	主要内容	评分标准	配分	学生（自评）		教师	
					扣分	得分	扣分	得分
2	决策计划（10分）	确定方案、编写计划	制定整体设计方案，在实施过程中修改一次，扣2分	10				
			制定实施方法，在实施过程中修改一次，扣2分					
3	实施（10分）	记录实施过程步骤	实施过程中，步骤记录不完整度达到10%，扣2分	10				
			实施过程中，步骤记录不完整度达到20%，扣3分					
			实施过程中，步骤记录不完整度达到40%扣5分					
4	检查评价（60分）	电器元件检查	不会用仪表检测元件质量好坏，扣2分	5				
			仪表使用方法不正确，扣3分					
		电器元件安装	电器元件布置不整齐、不均匀、不合理，每只扣2分	10				
			电器元件安装不牢固、安装元件时漏装螺钉，每处扣1分					
			损坏元件，每只扣2分					
		布线	电动机运行正常，但未按电路图接线，扣3分	25				
			布线整体不美观，主电路、控制电路每处扣2分					
			接点松动、接头露铜过长、反圈、压绝缘层，标记线号不清楚、遗漏或误标，引出端无别径压端子，每处扣0.5分					
			布线不入行线槽，主电路、控制电路每根扣0.5分					
			导线乱敷设，扣10分					
			电源、电动机配线和按钮接线没接端子排上，每根扣0.5分					
			损伤导线绝缘或线芯，每根扣2分					
			遗漏保护线装配，扣2分					
		调试结果	主电路、控制电路配错熔体，每个扣1分	20				
			时间继电器及热继电器整定值错误，各扣1分					
			一次试运行不成功扣5分，两次试运行不成功扣10分，三次试运行不成功扣15分					
			试运行超时，扣5分					

序号	工作过程	主要内容	评分标准	配分	学生（自评）		教师	
					扣分	得分	扣分	得分
5	职业规范、团队合作（10分）	安全文明生产	违反安全文明操作规程，扣3分	3				
		组织协调与合作	团队合作较差，小组不能配合完成任务，扣3分	3				
		交流与表达能力	不能用专业语言正确流利简述任务成果，扣4分	4				
			合计	100				

学生自评总结

教师评语

学生签字　　　　　　　　　　　　　　　　教师签字

　　　　　　　　年　　月　　日　　　　　　　　　　　年　　月　　日

2.8.7　知识能力测试

1. 填空

（1）星形-三角形联结减压起动是指电动机起动时，把定子绕组接成＿＿＿＿形联接，以降低起动电压，限制起动电流。待电动机起动后，再把定子绕组改接成＿＿＿＿形联结，使电动机全压运行。

（2）星形-三角形联结减压起动时，加在每相定子绕组上的起动电压只有三角形联结的＿＿＿＿，起动电流为三角形联结的＿＿＿＿，起动转矩也只有三角形联结的＿＿＿＿。

（3）时间继电器自动控制星形-三角形联结减压起动电路由＿＿＿＿个接触器、＿＿＿＿个热继电器、1个时间继电器和两个按钮组成。

2. 简述

简述时间继电器自动控制星形-三角形联结减压起动控制电路的工作原理。

3. 训练内容

安装 QX3—13 型星形-三角形联结自动起动器控制电路（见图2-31）并通电调试。

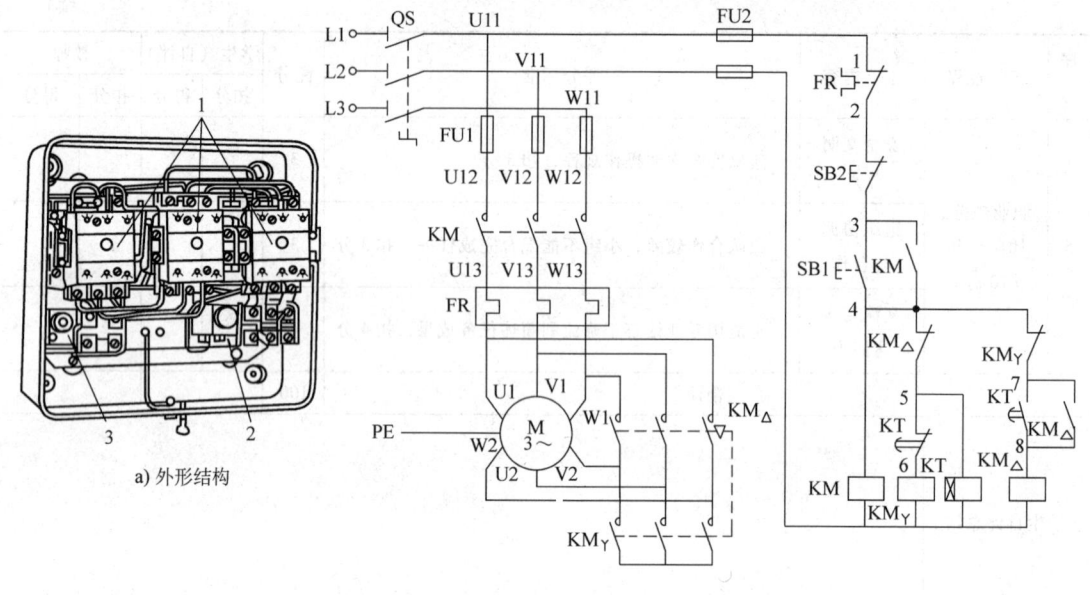

图 2-31　QX3—13 型星形-三角形联结自动起动器控制电路
1—接触器　2—热继电器　3—时间继电器

任务 2.9　反接制动控制电路的安装与调试

教 学 目 的

知识能力：掌握反接制动控制电路的工作原理。
技能能力：掌握反接制动控制电路的安装与调试。
社会能力：培养学生分析问题、解决问题的能力；培养学生的沟通能力及团队协作精神。

▶知识能力

电动机断开电源以后，由于惯性作用不会马上停止转动，而是需要转动一段时间才会完全停下来，这对于某些要求迅速停止运行及准确定位的机械设备是不能满足要求的，所以要对电动机进行制动。所谓制动，就是给三相异步电动机一个与转动方向相反的转矩使它迅速停止运行（或限制其转速）。常见的制动方法分为机械制动和电力制动两大类。

三相异步电动机的制动方法一般有机械制动和电气制动两种。在电气制动中常用的有反接制动和能耗制动。

2.9.1　速度继电器

速度继电器是反映转速和转向的继电器，其主要作用是以旋转速度的快慢为指令信号，与接触器配合实现对电动机的反接制动控制，故又称为反接制动继电器。

1. 速度继电器的结构和工作原理

JY1 型速度继电器的结构和工作原理如图 2-32 所示。

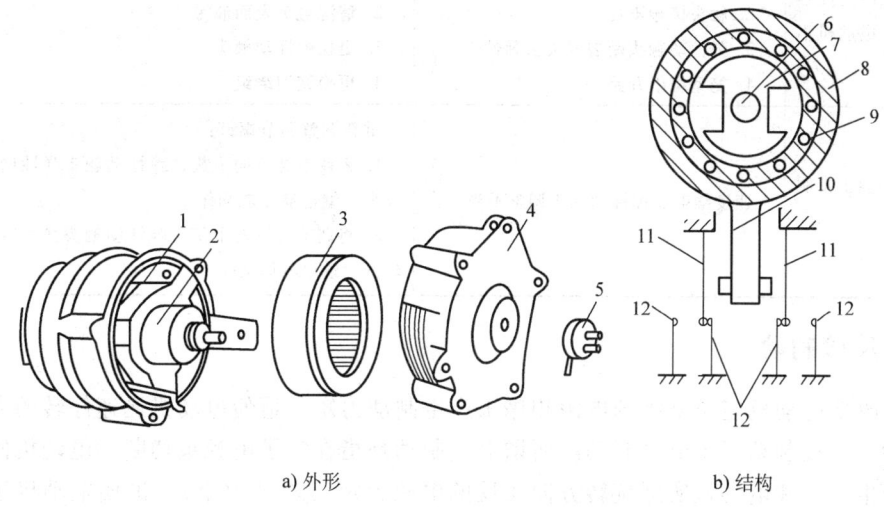

a) 外形　　　　　　　　　　　　　　b) 结构

图 2-32　JY1 型速度继电器的结构和工作原理
1—可动支架　2—转子　3—定子　4—端盖　5—连接头　6—电动机轴　7—转子（永久磁铁）
8—定子　9—定子绕组　10—胶木摆杆　11—簧片（动触头）　12—静触头

它主要由定子、转子、可动支架、触头系统及端盖等部分组成。转子由永久磁铁制成，固定在转轴上；定子由硅钢片叠成并装有笼型短路绕组，能做小范围偏转；触头系统由两组转换触头组成，一组在转子正转时动作，另一组在转子反转时动作。

当电动机旋转时，带动与电动机同轴相连的速度继电器的转子旋转，相当于在空间中产生旋转磁场；从而在定子笼型短路绕组中产生感应电流，感应电流与永久磁铁的旋转磁场相互作用，产生电磁转矩，使定子随永久磁铁转动的方向偏转，与定子相连的胶木摆杆也随之偏转。当定子偏转到一定角度，胶木摆杆推动簧片，使继电器的触头动作。

当转子转速减小到零时，由于定子的电磁转矩减小，胶木摆杆恢复原状态，触头随即复位。

速度继电器的动作转速一般不低于 100～300r/min，复位速度约在 100r/min 以下。常用的速度继电器中，JY1 型能在 3000r/min 以下可靠的工作。JFZ0 型的两组触头改用两个微动开关，使其触头的动作速度不受定子偏转速度的影响，额定工作转速有 300～1000r/min（JFZ0—1 型）和 1000～3600r/min（JFZ0—2 型）两种。

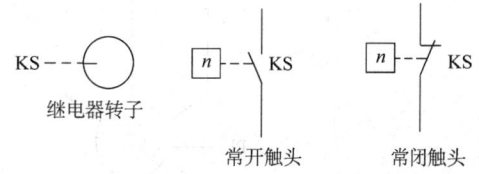

图 2-33　速度继电器电气图形及文字符号

2. 速度继电器电气图形及文字符号

电气图形及文字符号如图 2-33 所示。

3. 速度继电器的常见故障及处理方法

速度继电器的常见故障及处理方法见表 2-30。

表 2-30 速度继电器的常见故障及处理方法

故障现象	可能的原因	处理方法
反接制动时速度继电器失效，电动机不制动	1. 胶木摆杆断裂 2. 触头接触不良 3. 弹性动触头断裂或失去弹性 4. 笼型绕组开路	1. 更换胶木摆杆 2. 清洗触头表面油污 3. 更换弹性动触头 4. 更换笼型绕组
电动机不能正常制动	速度继电器弹性动触头调整不当	重新调整调节螺钉： 1. 将调节螺钉向下旋，弹性动触头弹性增大，速度较高时继电器才能动作 2. 将调节螺钉向上旋，弹性动触头弹性减小，速度较低时继电器即动作

2.9.2 反接制动

依靠改变电动机定子绕组的电源相序来产生制动力矩，迫使电动机迅速停转的方法称为反接制动。反接制动属于电气制动。所谓电气制动是指在定子电源被切断，电动机停转的过程中，产生一个和电动机实际旋转方向相反的电磁力矩（制动力矩），迫使电动机迅速制动停转的方法。

1. 反接制动的原理

反接制动的原理如图 2-34 所示。当电动机为正常运行时，电动机定子绕组的电源相序为 L1-L2-L3，电动机将沿旋转磁场方向以 $n<n_1$ 的速度正常运转。当电动机需要停转时，可拉开开关 QS，使电动机先脱离电源（此时转子仍按原方向旋转），当将开关迅速向下投合时，使电动机三相电源的相序发生改变，旋转磁场反转，此时转子将以 n_1+n 的相对速度沿原转动方向切割旋转磁场，在转子绕组中产生感应电流，其方向可由左手定则判断出来，可见此转矩方向与电动机的转动方向相反，使电动机受制动迅速停转。

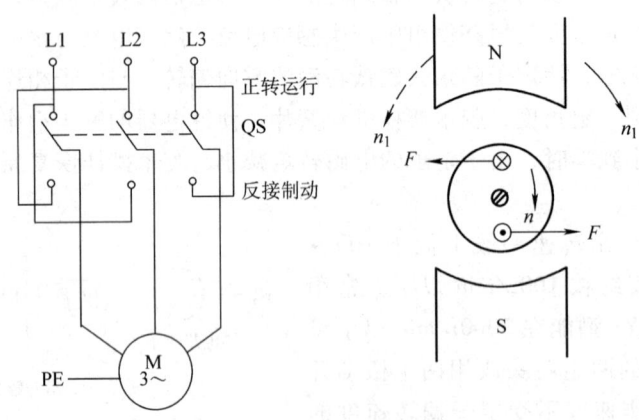

图 2-34 反接制动的原理

反接制动时应注意的是：当电动机转速接近零值时，应立即切断电动机的电源，否则电动机将反转。在反接制动设备中，为保证电动机的转速被制动到接近零值时能迅速切断电源，防止反向起动，常利用速度继电器来自动的及时切断电源。

2. 反接制动控制电路分析

反接制动控制电路如图 2-35 所示。该电路的主电路和正、反转控制电路相同，只是在反接制动时增加了三个限流电阻 R，电路中 KM1 为正转运行接触器，KM2 为反接制动接触器，KS 为速度继电器，其轴与电动机轴相连。反接制动控制电路的工作原理如下：

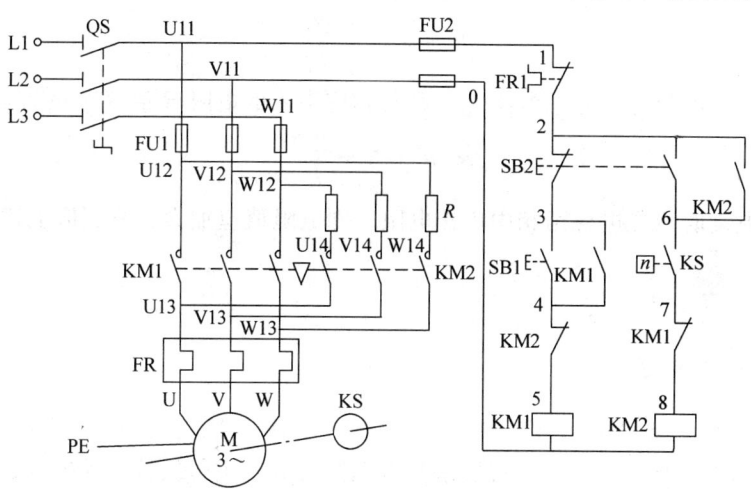

图 2-35 反接制动控制电路

先合上电源开关 QS。
单向启动：

按下 SB1 → KM1 线圈得电 ┬→ KM1 自锁触头闭合自锁 → 电动机 M 起动运转 ——
　　　　　　　　　　　　├→ KM1 主触头闭合 ——
　　　　　　　　　　　　└→ KM1 联锁触头分断，对 KM2 联锁

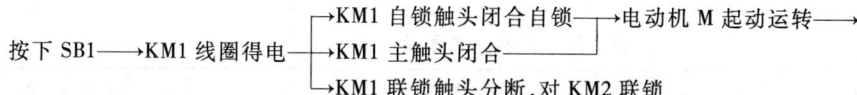

反接制动：

按下复合接钮 SB2 ┬→ SB2 常闭触头先分断 → KM1 线圈失电 ┬→ KM1 自锁触头分断，解除自锁
　　　　　　　　　　　　　　　　　　　　　　　　　　　　├→ KM1 主触头分断，M 暂失电
　　　　　　　　　　　　　　　　　　　　　　　　　　　　└→ KM1 联锁触头闭合
　　　　　　　　└→ SB2 常开触头后闭合 ——

—→ KM2 线圈得电 ┬→ KM2 联锁触头分断，对 KM1 联锁
　　　　　　　　├→ KM2 自锁触头闭合自锁
　　　　　　　　└→ KM2 主触头闭合 → 电动机 M 串接 R 反接制动 ——

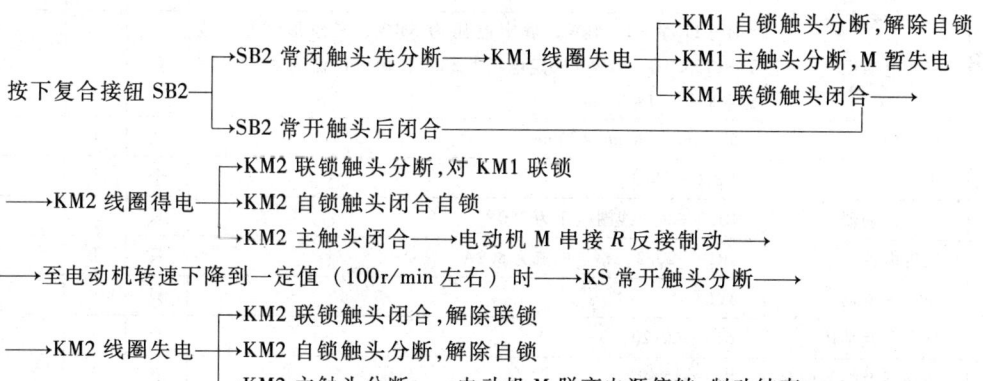

—→ KM2 线圈失电 ┬→ KM2 联锁触头闭合，解除联锁
　　　　　　　　├→ KM2 自锁触头分断，解除自锁
　　　　　　　　└→ KM2 主触头分断 → 电动机 M 脱离电源停转，制动结束

反接制动的优点是制动力强、制动迅速，缺点是制动准确性差、制动过程中冲击强烈、易损坏传动零件、制动能量消耗较大、不宜经常制动。因此反接制动一般适用于制动要求迅速、系统惯性较大、不经常起动与制动的场合。

反接制动时，由于旋转磁场与转子的相对速度（$n_1 + n$）很高，故转子绕组中感应电流很大，致使定子绕组中的电流也很大，一般约为电动机额定电流的 10 倍。因此，反接制动适用于 10kW 以下小功率电动机的制动，并且对 4.5kW 以上的电动机进行反接制动时，需在定子回路中串入限流电阻 R，以限制反接制动电流。限流电阻 R 的大小可参考下述经验公式进行估算。

在电源电压为380V时，若要使反接制动电流等于电动机直接起动时的起动电流 $I_{st}/2$，则三相电路每相应串入的电阻 R 值（单位为Ω）可取为

$$R \approx 1.5 \times \frac{220}{I_{st}}$$

若使反接制动电流等于起动电流 I_{st}，则每相应串入的电阻 R 值（单位为Ω）可取为

$$R' \approx 1.3 \times \frac{220}{I_{st}}$$

如果反接制动时只在电源两相中串接电阻，则电阻值应加大，分别取上述值的1.5倍。

➤ 技能能力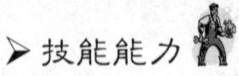

2.9.3 工作任务描述

有一台三相交流异步电动机（Y—112M—4，4kW，额定电压为380V，额定电流为8.8A，三角形联结，1440r/min），现要求在其运行时对其进行反接制动控制，试安装其电路并调试。

2.9.4 工具、仪表及材料

所需工具、仪表及材料见表2-31。

表2-31 工具、仪表及材料

序号	名称	型号与规格	单位	数量	备注
1	三相四线电源	~3×380/220V，20A	处	1	
2	单相交流电源	~220V和36V，5A	处	1	
3	三相电动机	Y—112M—4，4kW，额定电压为380V、三角形联结；或Y—132M—4，4kW，额定电压为380V，额定电流为8.8A，三角形联结，1440r/min	台	1	
4	配线板	500mm×600mm×20mm	块	1	
5	组合开关	HZ10—25/3	个	1	
6	交流接触器	CJ10—20，线圈电压为380V	只	2	
7	热继电器	JR16—20/3，整定电流为8.8A	只	1	
8	速度继电器	JY1	只	1	
9	熔断器及熔体配套	RL1—60/20	套	3	
10	熔断器及熔体配套	RL1—15/4	套	2	
11	三联按钮	LA10—3H 或 LA4—3H	个	2	
12	接线端子排	JX2—1015，500V、10A、15节或配套自定	条	1	
13	木螺钉	ϕ3mm×20mm；ϕ3mm×15mm	个	30	
14	平垫圈	ϕ4mm	个	30	
15	圆珠笔	自定	支	1	
16	塑料软铜线	BVR—2.5mm²，颜色自定	m	20	
17	塑料软铜线	BVR—1.5mm²，颜色自定	m	20	
18	塑料软铜线	BVR—0.75mm²，颜色自定	m	5	
19	别径压端子	UT2.5—4，UT1—4	个	20	

(续)

序号	名称	型号与规格	单位	数量	备注
20	行线槽	TC3025，长 34cm，两边打 $\phi 3.5$ mm 孔	条	5	
21	异形塑料管	$\phi 3$mm	m	0.2	
22	电工通用工具	验电笔、钢丝钳、螺钉旋具（一字槽和十字槽）、电工刀、尖嘴钳、活扳手、剥线钳等	套	1	
23	万用表	自定	块	1	
24	绝缘电阻表	型号自定，或 500V、0～200MΩ	台	1	
25	钳形电流表	0～50 A	块	1	
26	劳保用品	绝缘鞋、工作服等	套	1	

2.9.5 操作工艺要点

1) 按表 2-31 配齐所用电器元件，并进行质量检验。

2) 画出布置图如图 2-36 所示。

3) 安装电器元件。在控制电路板上按布置图安装行线槽和除电动机、速度继电器以外的电器元件，贴上醒目的文字符号。

4) 布线。在控制电路板上进行板前线槽布线，并在导线端部套编码套管和冷压接线头。

5) 安装电动机和速度继电器并接线：

① 可靠连接电动机、速度继电器及电器元件不带电的金属外壳的保护接地线。

② 连接控制电路板外部的导线。

③ 连接电源线。

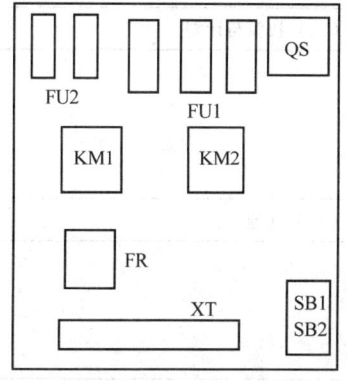

图 2-36 布置图

6) 自检后交验。自检布线的正确性、合理性、可靠性及元件安装的牢固性。

7) 通电试运行。

注意事项

1) 安装速度继电器前，要弄清其结构，辨明常开触头的接线端。

2) 速度继电器可预先安装好，不属于定额时间。安装时，采用速度继电器的连接头与电动机转轴直接连接的方法，并使两轴中心线重合。速度继电器可用联轴器与电动机的轴相连接。速度继电器的安装如图 2-37 所示。

3) 速度继电器的金属外壳应可靠接地。

4) 通电试运行时，若制动不正常，可检查速度继电器是否符合规定要求。若需调节速度继电器的调整螺钉时，必须切断电源，以防止出现对地短路而引起事故。

5) 速度继电器动作值和返回值的调整。

6) 制动操作不易过于频繁。

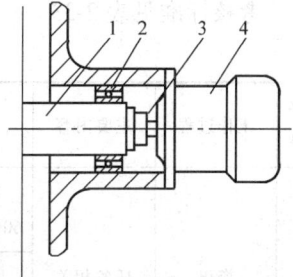

图 2-37 速度继电器的安装
1—电动机轴 2—电动机轴承
3—联轴器 4—速度继电器

2.9.6 任务单

任务单见表2-32。

表 2-32 任务单

任务名称	反接制运控制		学时		班级	
学生姓名			学生学号		任务成绩	
实训材料与仪表	参阅2.9.4节		实训场地		日期	
任务内容	安装并调试反接制动控制电路					
任务目的						
(一) 资讯							
资讯问题：							
资讯引导：《机床电器自动控制》　作者：陈远龄　出版社：重庆大学出版社							
(二) 决策与计划							
(三) 实施							
(四) 检查（评价）							

2.9.7 考核标准

考核标准见表2-33。

表 2-33 考核标准

序号	工作过程	主要内容	评分标准	配分	学生（自评）		教师	
					扣分	得分	扣分	得分
1	资讯 (10分)	任务相关 知识查找	查找相关知识学习，该任务知识能力掌握度达到60%，扣5分	10				
			查找相关知识学习，该任务知识能力掌握度达到80%，扣2分					
			查找相关知识学习，该任务知识能力掌握度达到90%，扣1分					

（续）

序号	工作过程	主要内容	评分标准	配分	学生（自评）		教师	
					扣分	得分	扣分	得分
2	决策计划 （10分）	确定方案、编写计划	制定整体设计方案，在实施过程中修改一次，扣2分	10				
			制定实施方法，在实施过程中修改一次，扣2分					
3	实施 （10分）	记录实施过程步骤	实施过程中，步骤记录不完整度达到10%，扣2分	10				
			实施过程中，步骤记录不完整度达到20%，扣3分					
			实施过程中，步骤记录不完整度达到40%，扣5分					
4	检查评价 （60分）	电器元件检查	不会用仪表检测元件质量好坏，扣2分	5				
			仪表使用方法不正确，扣3分					
		电器元件安装	电器元件布置不整齐、不均匀、不合理，每只扣2分	10				
			电器元件安装不牢固、安装元件时漏装螺钉，每处扣1分					
			损坏元件，每只扣2分					
		布线	电动机运行正常，但未按电路图接线，扣3分	25				
			布线整体不美观，主电路、控制电路每处扣2分					
			接点松动、接头露铜过长、反圈、压绝缘层，标记线号不清楚、遗漏或误标，引出端无别径压端子，每处扣0.5分					
			布线不入行线槽，主电路、控制电路每根扣0.5分					
			导线乱敷设，扣10分					
			电源、电动机配线和按钮接线没接端子排上，每根扣0.5分					
			损伤导线绝缘或线芯，每根扣2分					
			遗漏保护线装配，扣2分					
		调试效果	主电路、控制电路配错熔体，每个扣1分	20				
			时间继电器及热继电器整定值错误，各扣1分					
			一次试运行不成功扣5分，两次试运行不成功扣10分，三次试运行不成功扣15分					
			试运行超时，扣5分					

序号	工作过程	主要内容	评分标准	配分	学生（自评）		教师	
					扣分	得分	扣分	得分
5	职业规范、团队合作（10分）	安全文明生产	违反安全文明操作规程，扣3分	3				
		组织协调与合作	团队合作较差，小组不能配合完成任务，扣3分	3				
		交流与表达能力	不能用专业语言正确流利简述任务成果，扣4分	4				
			合计	100				

学生自评总结	
教师评语	
学生签字 年 月 日	教师签字 年 月 日

2.9.8 知识能力测试

1. 填空

（1）常见的制动方法分为_____和_____两大类。

（2）电气制动中常用的有_____和能耗制动。

（3）速度继电器要由_____、转子、_____、触头系统及端盖等部分组成。

（4）所谓电力制动是指使电动机在切断定子电源停转的过程中，产生一个和电动机实际旋转方向_____的电磁力矩（制动力矩），迫使电动机迅速制动停转的方法。

（5）反接制动的优点是_____、制动迅速，缺点是_____、制动过程中冲击强烈、易损坏传动零件、制动能量消耗较大、不宜经常制动。

2. 简述

（1）简述速度继电器结构和工作原理。

（2）简述反接制动控制电路工作原理。

3. 训练内容

安装双向起动反接制动控制电路（见图2-38）并通电调试。

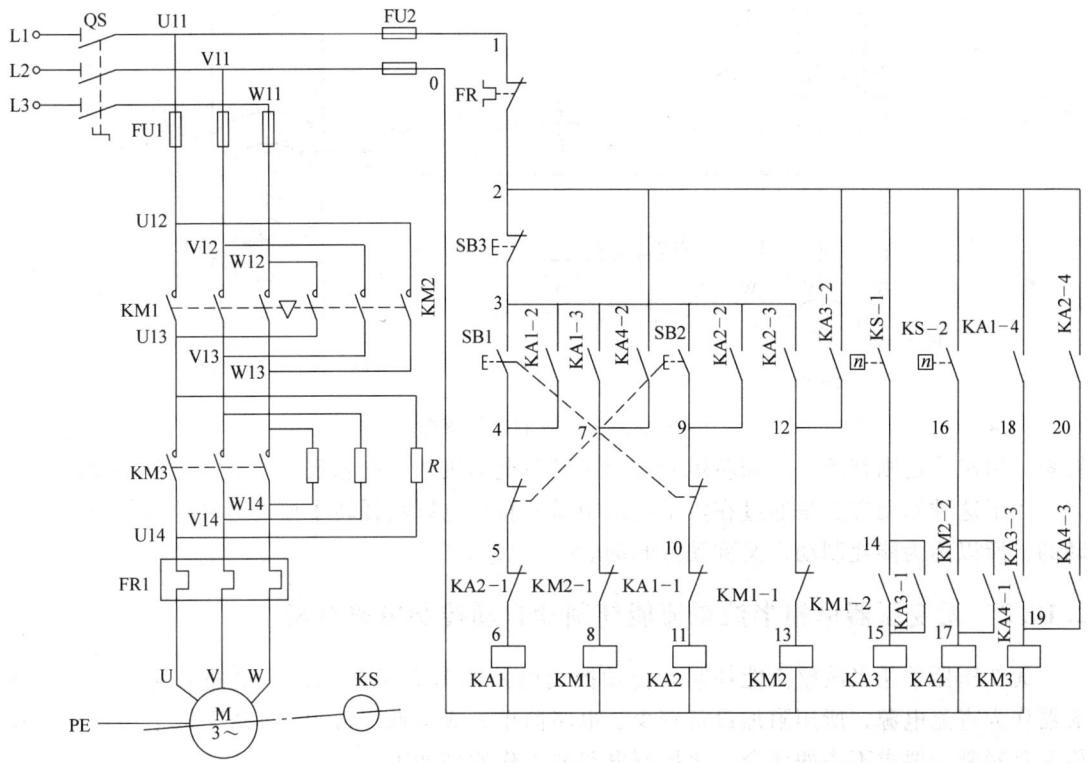

图 2-38 双向起动反接制动控制电路

任务 2.10　能耗制动控制电路的安装与调试

教学目的

知识能力：掌握能耗制动控制电路的工作原理。
技能能力：掌握能耗制动控制电路的安装与调试。
社会能力：培养学生分析问题、解决问题的能力；培养学生的沟通能力及团队协作精神。

> 知识能力

2.10.1　能耗制动原理

　　当电动机切断交流电源后，立即在定子绕组中通入直流电，迫使电动机停转的方法称为能耗制动。能耗制动原理如图2-39所示。制动时，先断开电源开关QS1，切断电动机的交流电源，这时转子仍沿原方向惯性运转；随后立即合上开关QS2，并将QS1向下合闸，电动机V、W两相定子绕组通入直流电，使定子中产生一个恒定的静止磁场，这样进行惯性运转的转子因切割磁力线而在转子绕组中产生感应电流，其方向可用右手定则判断出来，上面标"×"，下面标"·"。绕组中一旦产生了感应电流，又立即受到静止磁场的作用，产生电磁

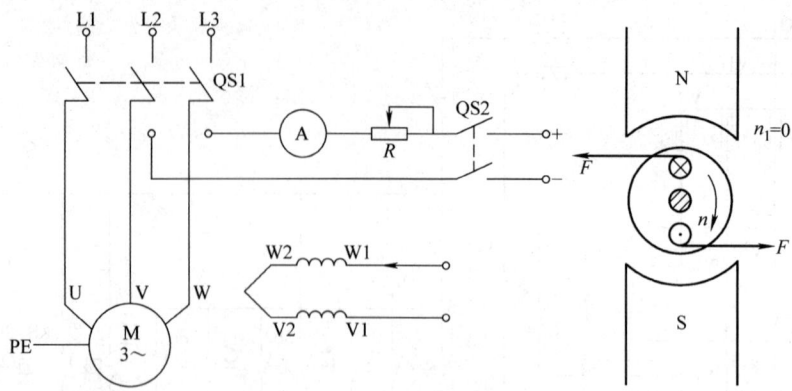

图 2-39 能耗制动的原理

转矩,用左手定则判断,可知转矩的方向正好与电动机的转向相反,使电动机受制动迅速停转。由于这种制动方法是通过在定子绕组中通入直流电以消耗转子惯性运转的动能来进行制动的,所以称为能耗制动,又称动能制动。

2.10.2 无变压器单相半波整流能耗制动自动控制电路分析

无变压器单相半波整流能耗制动自动控制电路如图 2-40 所示。该电路采用单相半波整流器作为直流电源,所用附加设备较少、电路简单、成本低,常用于 10kW 以下小功率电动机,且对制动要求不高的场合。该控制电路的工作原理如下:

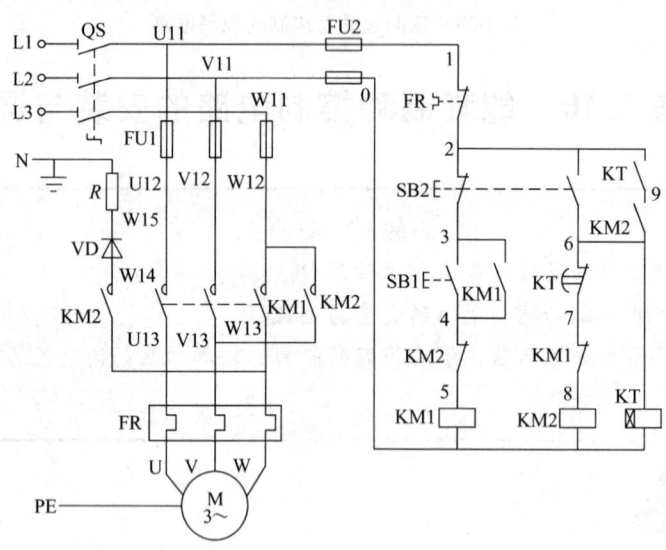

图 2-40 无变压器单相半波整流能耗制动自动控制电路

先合上电源开关 QS。

单向起动运转:

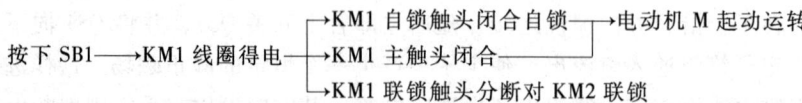

能耗制动停转:

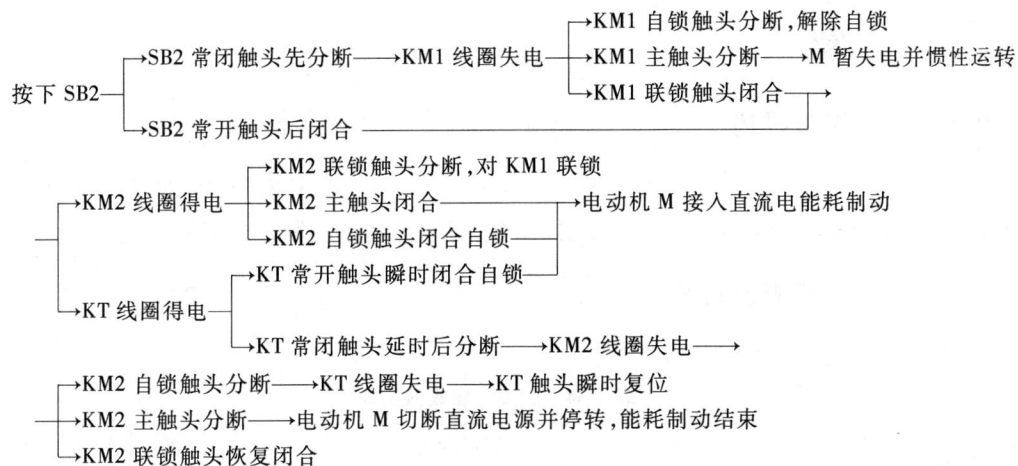

上述工作原理中，KT 瞬时闭合常开触头的作用是当出现 KT 线圈断线或机械卡住等故障时，按下 SB2 后能使电动机制动后脱离直流电源。

能耗制动的优点是制动准确平稳，且能量消耗较小。缺点是需附加直流电源装置，设备费用较高，制动力较弱，在低速时制动力较小。因此，能耗制动一般用于要求制动准确、平稳的场合。

2.10.3 制动力矩估算

能耗制动时产生制动力矩的大小，与通入定子绕组中直流电流的大小、电动机的转速及转子电路中的电阻有关。电流越大，产生的静止磁场就越强，而转速越高，转子切割磁力线的速度就越大，产生的制动力矩也就越大。对于笼型异步电动机，增大制动力矩只能通过增大通入电动机的直流电流来实现，而通入的直流电流又不能太大，过大会烧坏定子绕组。例如，单向桥式整流电路所需电源的估算如下：

1）首先测量出电动机三相进线中任意两根之间的电阻 R（单位为 Ω）。
2）测量出电动机三相进线中的空载电流 I_0（单位为 A）。
3）计算能耗制动所需的直流电流 $I_L = K I_0$（单位为 A），能耗制动所需的直流电压 $U_L = I_L R$（单位为 V）。其中，K 是常数，一般取 3.5~4。若考虑到电动机定子绕组的发热情况，并使电动机达到比较满意的制动效果，对转速高、惯性大的传动装置可取上限。
4）单相桥式整流电源变压器二次绕组电压和电流有效值为

$$U_2 = \frac{U_L}{0.9}$$

$$I_2 = \frac{I_L}{0.9}$$

变压器计算容量（单位为 VA）为

$$S = U_2 I_2$$

如果制动不频繁，可取变压器实际容量（单位为 VA）为

$$S' = \left(\frac{1}{3} \sim \frac{1}{4}\right) S$$

5）可调电阻 $R \approx 2\Omega$，电阻功率 $P_R = I_L^2 R$（单位为 W），实际选用时，电阻功率可小些。

> 技能能力

2.10.4 工作任务描述

有一台三相交流异步电动机（Y—112M—4，4kW，额定电压为380V，额定电流为8.8A，三角形联结，1440r/min），现需要对它进行能耗制动控制，并安装与调试。

2.10.5 工具、仪表及材料

所需工具、仪表及材料见表2-34。

表2-34 工具、仪表及材料

序号	名称	型号与规格	单位	数量	备注
1	三相四线电源	~3×380/220V，20A	处	1	
2	单相交流电源	~220V 和 36V，5A	处	1	
3	三相电动机	Y—112M—4，4kW，380V，三角形联结；或Y—132M—4，4kW，额定电压为380V，额定电流为8.8A，三角形联结，1440r/min	台	1	
4	配线板	500mm×600mm×20mm	块	1	
5	组合开关QS	HZ10—25/3	个	1	
6	交流接触器KM1，KM2	CJ10—20，线圈电压为380V	只	2	
7	热继电器KR	JR16—20/3，整定电流为10~16A	只	1	
8	时间继电器KT	JS7—2A	只	1	
9	熔断器及熔体配套FU1	RL1—60/20	套	3	
10	熔断器及熔体配套FU2	RL1—15/4	套	2	
11	三联按钮SB1，SB2	LA10—3H 或 LA4—3H	个	2	
12	整流二极管VD	2CZ30，30A，600V	只	1	
13	制动电阻R	0.5Ω，50W（外接）	只	1	
14	接线端子排XT	JX2—1015，500V、10A、15节或配套自定	条	1	
15	木螺钉	φ3mm×20mm；φ3mm×15mm	个	30	
16	平垫圈	φ4mm	个	30	
17	圆珠笔	自定	支	1	
18	塑料软铜线	BVR—2.5mm²，颜色自定	m	20	
19	塑料软铜线	BVR—1.5mm²，颜色自定	m	20	
20	塑料软铜线	BVR—0.75mm²，颜色自定	m	5	
21	别径压端子	UT2.5-4，UT1-4	个	20	
22	行线槽	TC3025，长34cm，两边打φ3.5mm孔	条	5	
23	异形塑料管	φ3mm	m	0.2	
24	电工通用工具	验电笔、钢丝钳、螺钉旋具（一字槽和十字槽）、电工刀、尖嘴钳、活扳手、剥线钳等	套	1	
25	万用表	自定	块	1	

(续)

序号	名称	型号与规格	单位	数量	备注
26	绝缘电阻表	型号自定，或 500 V、0～200MΩ	台	1	
27	钳形电流表	0～50A	块	1	
28	劳保用品	绝缘鞋、工作服等	套	1	

2.10.6 操作工艺要点

1) 按表 2-34 配齐所用电器元件，并进行质量检验。

2) 画出布置图如图 2-41 所示。

3) 安装电器元件。在控制电路板上按布置图安装行线槽和除电动机以外的电器元件，贴上醒目的文字符号。

4) 布线。在控制电路板上进行板前线槽布线，并在导线端部套编码套管和冷压接线头。

5) 安装电动机并接线：

① 可靠连接电动机及电器元件不带电的金属外壳的保护接地线。

② 连接控制电路板外部的导线。

③ 连接电源线。

6) 自检后交验。根据电路图自检布线的正确性、合理性、可靠性及元件安装的牢固性。

7) 通电试运行。

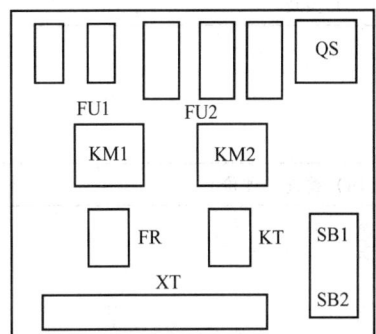

图 2-41 布置图

注意事项

1) 时间继电器的整定时间不要调得过长，以免制动时间过长引起定子绕组发热。

2) 整流二极管要配装散热器和固定散热器支架。

3) 制动电阻要安装在控制电路板外面。

4) 进行制动时，停止按钮 SB2 要按到底。

2.10.7 任务单

任务单见表 2-35。

表 2-35 任务单

任务名称	能耗制动自动控制		学时		班级	
学生姓名			学生学号		任务成绩	
实训材料与仪表	参阅 2.10.5 节		实训场地		日期	
任务内容	安装并调试无变压器单相半波整流能耗制动自动控制电路					
任务目的						
(一) 资讯						

（续）

资讯问题：
资讯引导：1）《常用电工电子技术精要》 作者：李春华 出版社：机械工业出版社 2）《电气控制线路安装与维修》 作者：王建 出版社：中国劳动出版社
（二）决策与计划
（三）实施
（四）检查（评价）

2.10.8 考核标准

考核标准见表2-36。

表2-36 考核标准

序号	工作过程	主要内容	评分标准	配分	学生（自评）		教师	
					扣分	得分	扣分	得分
1	资讯 （10分）	任务相关 知识查找	查找相关知识学习，该任务知识能力掌握度达到60%，扣5分	10				
			查找相关知识学习，该任务知识能力掌握度达到80%，扣2分					
			查找相关知识学习，该任务知识能力掌握度达到90%，扣1分					
2	决策计划 （10分）	确定方案、 编写计划	制定整体设计方案，在实施过程中修改一次，扣2分	10				
			制定实施方法，在实施过程中修改一次，扣2分					
3	实施 （10分）	记录实施 过程步骤	实施过程中，步骤记录不完整度达到10%，扣2分	10				
			实施过程中，步骤记录不完整度达到20%，扣3分					
			实施过程中，步骤记录不完整度达到40%，扣5分					

（续）

序号	工作过程	主要内容	评分标准	配分	学生（自评）		教师	
					扣分	得分	扣分	得分
4	检查评价（60分）	电器元件检查	不会用仪表检测元件质量好坏，扣2分	5				
			仪表使用方法不正确，扣3分					
		电器元件安装	电器元件布置不整齐、不均匀、不合理，每只扣2分	10				
			电器元件安装不牢固、安装元件时漏装螺钉，每处扣1分					
			损坏元件，每只扣2分					
		布线	电动机运行正常，但未按电路图接线，扣3分	25				
			布线整体不美观，主电路、控制电路每处扣2分					
			接点松动、接头露铜过长、反圈、压绝缘层，标记线号不清楚、遗漏或误标，引出端无别径压端子，每处扣0.5分					
			布线不入行线槽，主电路、控制电路每根扣0.5分					
			导线乱敷设，扣10分					
			电源、电动机配线和按钮接线没接端子排上，每根扣0.5分					
			损伤导线绝缘或线芯，每根扣2分					
			遗漏保护线装配，扣2分					
		调试效果	主电路、控制电路配错熔体，每个扣1分	20				
			时间继电器及热继电器整定值错误，各扣1分					
			一次试运行不成功扣5分，两次试运行不成功扣10分，三次试运行不成功扣15分					
			试运行超时，扣5分					
5	职业规范、团队合作（10分）	安全文明生产	违反安全文明操作规程，扣3分	3				
		组织协调与合作	团队合作较差，小组不能配合完成任务，扣3分	3				
		交流与表达能力	不能用专业语言正确流利简述任务成果，扣4分	4				
	合计			100				

学生自评总结	

序号	工作过程	主要内容	评分标准	配分	学生（自评）		教师	
					扣分	得分	扣分	得分
	教师评语							
	学生签字		教师签字					
			年　月　日		年　月　日			

2.10.9　知识能力测试

1. 填空

（1）当电动机切断交流电源后，立即在_____绕组中通入_____电，迫使电动机停转的方法称为能耗制动。

（2）能耗制动的优点是_____，且能量消耗较小。缺点是需附加_____，设备费用较高，制动力较弱，在低速时制动力较小。因此，能耗制动一般用于要求制动准确、平稳的场合。

（3）能耗制动时产生制动力矩的大小，与通入定子绕组中_____、电动机的转

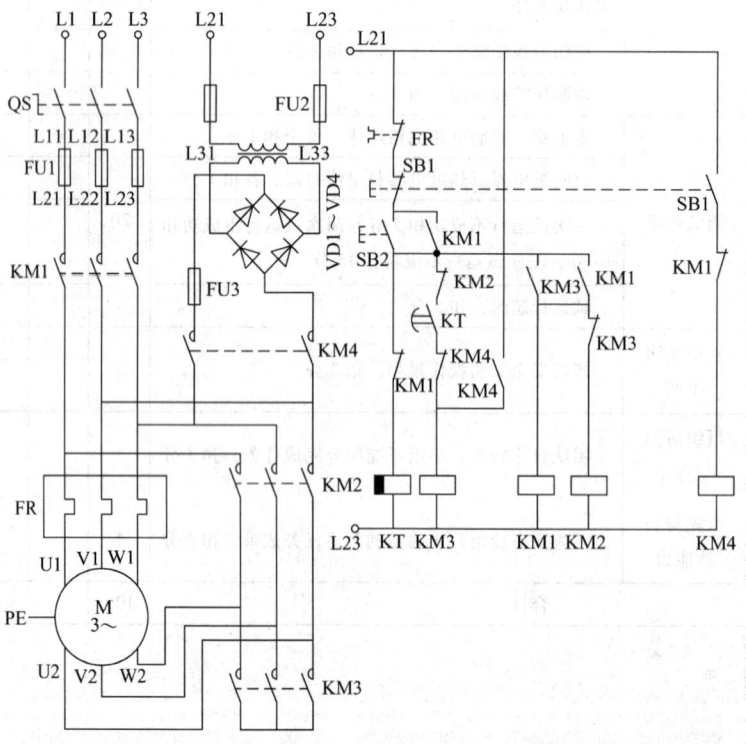

图 2-42　断电延时带直流能耗制动星形-三角形联结减压起动控制电路

速及转子电路中的_____有关。电流越大,产生的静止磁场就_____,而转速越高,转子切割磁力线的速度就越大,产生的制动力矩也就越大。

2. 简述

(1) 简述制动力矩估算方法。

(2) 简述无变压器单相半波整流能耗制动自动控制电路的工作原理。

3. 训练内容

(1) 安装断电延时带直流能耗制动星形-三角形联结减压起动控制电路(见图 2-42)并通电调试。

(2) 安装通电延时带直流能耗制动星形-三角形联结减压起动控制电路(见图 2-43)并通电调试。

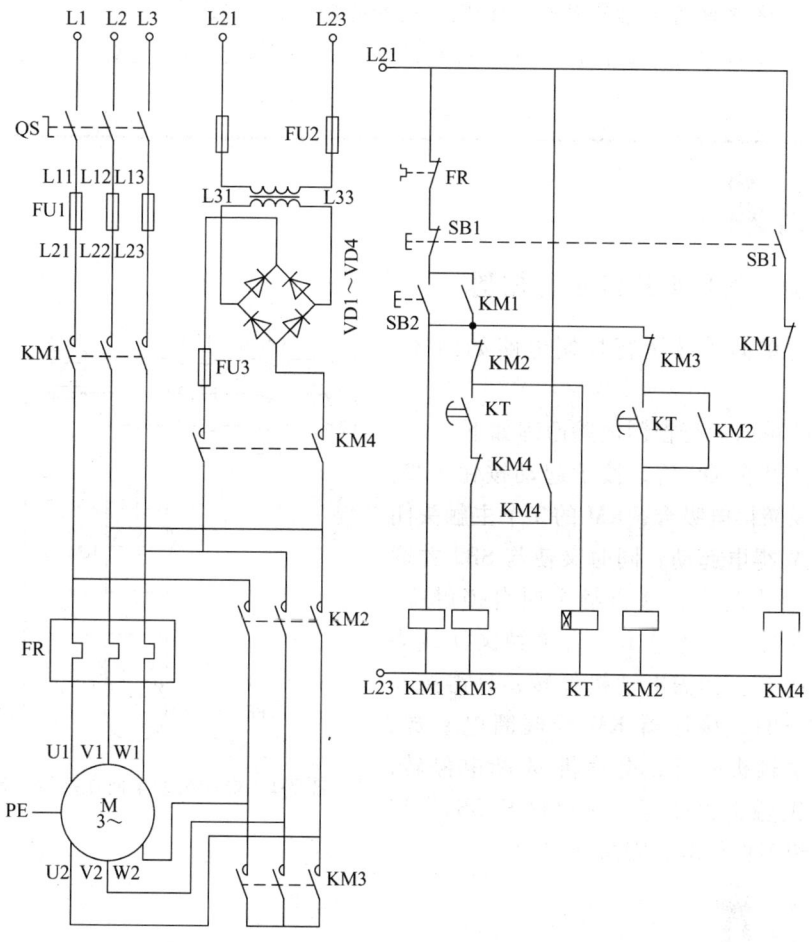

图 2-43 通电延时带直流能耗制动星形-三角形联结减压起动控制电路

模块 3　基本控制电路的检修

任务 3.1　单向连续运行控制电路的检修

教学目的

知识能力：熟悉单相连续运行控制电路的工作原理。

技能能力：掌握电路断路故障的试电笔、电压分阶排除方法。

社会能力：培养学生分析问题、解决问题的能力；培养学生的沟通能力及团队协作精神。

> 知识能力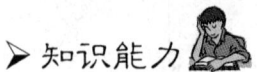

3.1.1　电动机的单向连续运行控制

电动机的单向连续运行控制电路如图 3-1 所示。

电动机的单向运行控制电路原理如下：

合上电源开关 QS 后，按下起动按钮 SB2，接触器 KM 线圈得电吸合，KM 的 3 个主触头闭合，电动机 M 得电起动，同时又使与 SB2 并联的一个常开触头闭合，这个触头叫自锁触头，松开 SB2，控制电路通过 KM 自锁触头使线圈仍保持得电吸合。如需电动机停转，只需按一下停止按钮 SB1，接触器 KM 线圈断电释放，KM 的 3 个主触头断开，电动机 M 断电停转，同时 KM 自锁触头也断开，所以松开 SB1，接触器 KM 线圈不再得电，需重新起动。

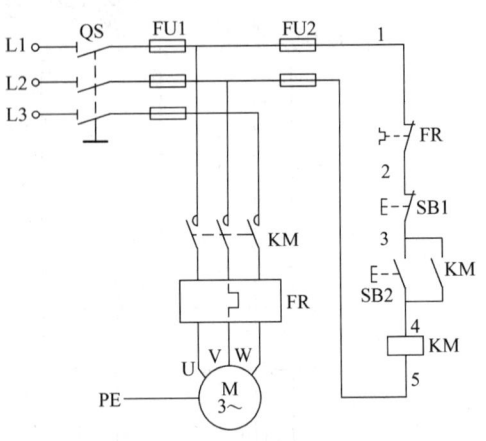

图 3-1　电动机的单向连续运行控制电路

> 技能能力

3.1.2　工作任务描述

有一单相连续运行控制电路，现按动起动按钮 SB2 时接触器 KM 不能吸合，说明控制电路有断路故障，试分别采用试电笔检修法和万用表电压分阶测量检修法对其进行检修。

3.1.3　工具、仪表、材料及设备

（1）工具　测电笔、螺钉旋具、尖嘴钳、斜口钳、剥线钳、电工刀等。

(2) 仪表　MF47 型万用表。
(3) 材料　导线若干、透明绝缘胶布、绝缘胶布。
(4) 设备　电动机单向连续运行控制电路板。

3.1.4　操作工艺要点

1. 试电笔检修法

试电笔检修断路故障的方法如图 3-2 所示。

检修时用试电笔依次测试 1、2、3、4、5 各点（在去掉和 L2 端连接的熔断器中熔体的情况下），并按下 SB2，测量到哪一点试电笔不亮即为断路处。例如，测到 2 号点时试电笔不亮则说明 FR 常闭触头有问题或者和 FR 常闭触头连接的导线有断路。

 注意事项

1）在有一端接地的 220V 电路中测量时，应从电源侧开始，依次测量，并注意观察试电笔的亮度，防止由于外部电场。泄漏电流造成氖管发亮，而误认为电路没有断路。

2）当检查 380V 且有变压器的控制电路中的熔断器是否熔断时，需防止由于电源通过另一相熔断器和变压器的一次绕组回到已熔断的熔断器的出线端，造成熔断器没有熔断的假象。

2. 万用表电压分阶测量检修法

检查时把万用表置于交流电压 500V 挡上。电压的分阶测量法如图 3-3 所示。

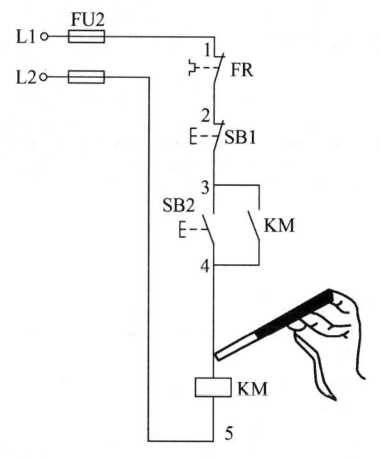
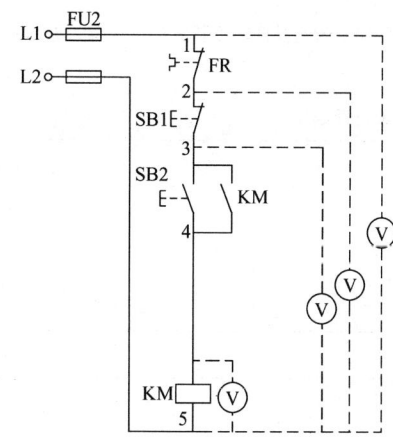

图 3-2　试电笔检修断路故障　　　　　图 3-3　电压的分阶测量法

检查时，首先用万用表测量 1、5 两点间的电压，若电路正常应为 380V，然后按住起动按钮 SB2 不放，同时将黑表笔接到 5 号点上，红色表笔按 2、3、4、标号依次测量，分别测量 5-2、5-3、5-4 各阶之间的电压。电路正常情况下，各阶的电压值均为 380V，如测到 5-3 电压为 380V，测到 5-4 无电压，则说明按钮 SB2 的常开触头（3-4）断路（当然也不能排除导线和 SB2 连接时出现故障或导线本身有故障等，以后类似处将不作说明）。

根据测量各阶电压值来检查故障的方法可见表 3-1。这种测量方法像台阶一样，所以称为分阶测量法。

表 3-1 分阶测量法判别故障原因

故障现象	测试状态	5-1	5-2	5-3	5-4	故障原因
按下 SB2，KM 不吸合	按下 SB2 不放	380V	380V	380V	0	SB2 接触不良
		380V	380V	0	0	SB1 常闭触头接触不良
		380V	0	0	0	FR 常闭触头接触不良

3.1.5 任务单

任务单见表 3-2。

表 3-2 任务单

任务名称	单向连续运行控制电路的检修	学时		班级	
学生姓名		学生学号		任务成绩	
实训材料与仪表	参阅 3.1.3 节	实训场地		日期	
任务内容	用试电笔检修法和万用表电压分阶测量检修法对单向连续运行控制电路控制回路的两处故障进行排除，要求时间不超过 15min				
任务目的					

（一）资讯

资讯问题：

资讯引导：《机床电器自动控制》　　作者：陈远龄　　出版社：重庆大学出版社

（二）决策与计划

（三）实施

（四）检查（评价）

3.1.6 考核标准

考核标准见表3-3。

表3-3 考核标准

序号	工作过程	主要内容	评分标准	配分	学生（自评）		教师	
					扣分	得分	扣分	得分
1	资讯（10分）	任务相关知识查找	查找相关知识学习，该任务知识能力掌握度达到60%扣5分	10				
			查找相关知识学习，该任务知识能力掌握度达到80%扣2分					
			查找相关知识学习，该任务知识能力掌握度达到90%扣1分					
2	决策计划（10分）	确定方案、编写计划	制定整体设计方案，在实施过程中修改一次扣2分	10				
			制定实施方法，在实施过程中修改一次扣2分					
3	实施（10分）	记录实施过程步骤	实施过程中，步骤记录不完整度达到10%扣2分	10				
			实施过程中，步骤记录不完整度达到20%扣3分					
			实施过程中，步骤记录不完整度达到40%扣5分					
4	检查评价（60分）	元件测试	不会用仪表检测电器元件质量好坏，扣2分	4				
			仪表使用方法不正确，扣2分					
		故障检测	设备操作不熟练，扣2分	5				
			在原理图上标不出故障回路或标错，每个故障点扣2分					
			不能标出最小故障范围，每个故障点扣2分					
			故障分析思路不清楚，每个故障点扣2分					
			方法不正确，每个故障点，扣5分					
		调试	通电顺序不对，扣5分	15				
			扩大故障范围或产生新故障，每个扣5分					
		调试结果	每少排除一处故障，扣5分	20				
			损坏电动机，直接扣20分					

（续）

序号	工作过程	主要内容	评分标准	配分	学生（自评）		教师	
					扣分	得分	扣分	得分
5	职业规范、团队合作（10分）	安全文明生产	违反安全文明操作规程扣3分	3				
		组织协调与合作	团队合作较差，小组不能配合完成任务扣3分	3				
		交流与表达能力	不能用专业语言正确流利简述任务成果扣4分	4				
			合计	100				

学生自评总结	
教师评语	
学生签字 年 月 日	教师签字 年 月 日

3.1.7 知识能力测试

1. 简述

（1）简述试电笔检修法。

（2）简述万用表电压分阶测量检修法。

2. 训练内容

（1）单向点动控制电路的检修　单向点动控制电路如图 3-4 所示，在控制电路设置故障两处，采用试电笔检修法对其进行故障排除，要求时间不超过 15min。

工作原理：当电动机需要单向点动控制时，先合上电源开关 QS，然后按下起动按钮 SB，接触器 KM 线圈得电吸合，KM 常开主触头闭合，电动机 M 起动运转。当松开按钮 SB 时，接触器 KM 线圈断电释放，KM 常开主触头断开，电动机 M 断电停转。

（2）点动和起动混合控制电路的检修　点动和起动混合控制电路如图 3-5 所示，在控制电路和主电路各设置故障一处，采用万用表电压分阶测量检修法对其进行故障排除，要求时间不超过 15min。

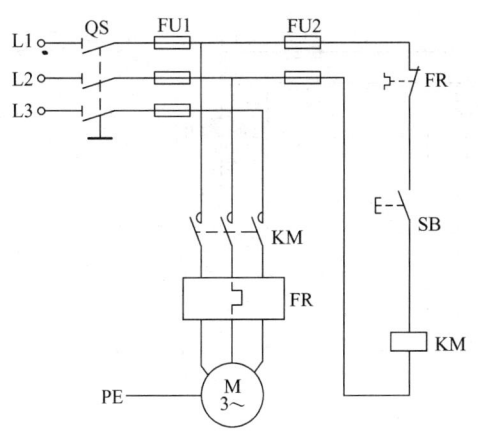

图 3-4　单向点动控制电路

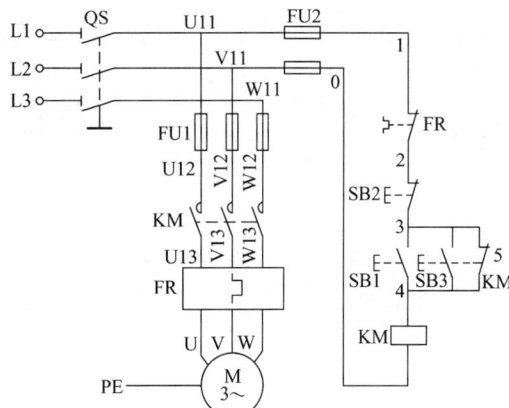

图 3-5　点动和起动混合控制电路

工作原理：合上电源开关 QS 后，按下起动按钮 SB1，接触器 KM 线圈得电吸合并自锁，电动机 M 起动运转。

若按下起动按钮 SB3，接触器 KM 线圈得电吸合，电动机 M 起动运转。当松开按钮 SB3 时，接触器 KM 线圈失电释放，KM 常开主触头断开，电动机 M 断电停转。因为起动按钮 SB3 的常闭触头断开了接触器 KM 的自锁回路。

任务 3.2　接触器联锁正、反转控制电路的检修

教学目的

知识能力：熟悉接触器联锁正、反转控制电路的工作原理。
技能能力：掌握电路断路故障的电压分段排除方法及电路短路故障的排除方法。
社会能力：培养学生分析问题、解决问题的能力；培养学生的沟通能力及团队协作精神。

▶ 知识能力

3.2.1　接触器联锁正、反转控制电路原理

接触器联锁正反转控制电路如图 3-6 所示。

图 3-6 中采用两个接触器，即正转用的接触器 KM1 和反转用的接触器 KM2。当接触器 KM1 的 3 对主触头接通时，三相电源的相序按 L1、L2、L3 接入电动机，而当 KM2 的 3 个主触头接通时，三相电源的相序按 L3、L2、L1 接入电动机，电动机即反转。

线路要求接触器 KM1 和 KM2 不能同时通电，否则它们的主触头就会一起闭合，将造成 L1 和 L3 两相电源短路，为此在 KM1 和 KM2 线圈各自支路中相互串联一个常闭辅助触头，以保证接触器 KM1 和 KM2 的线圈不会同时通电。

KM1 和 KM2 这两个常闭辅助触头在电路中所起的作用称为联锁作用，这两个常闭触头叫联锁触头。

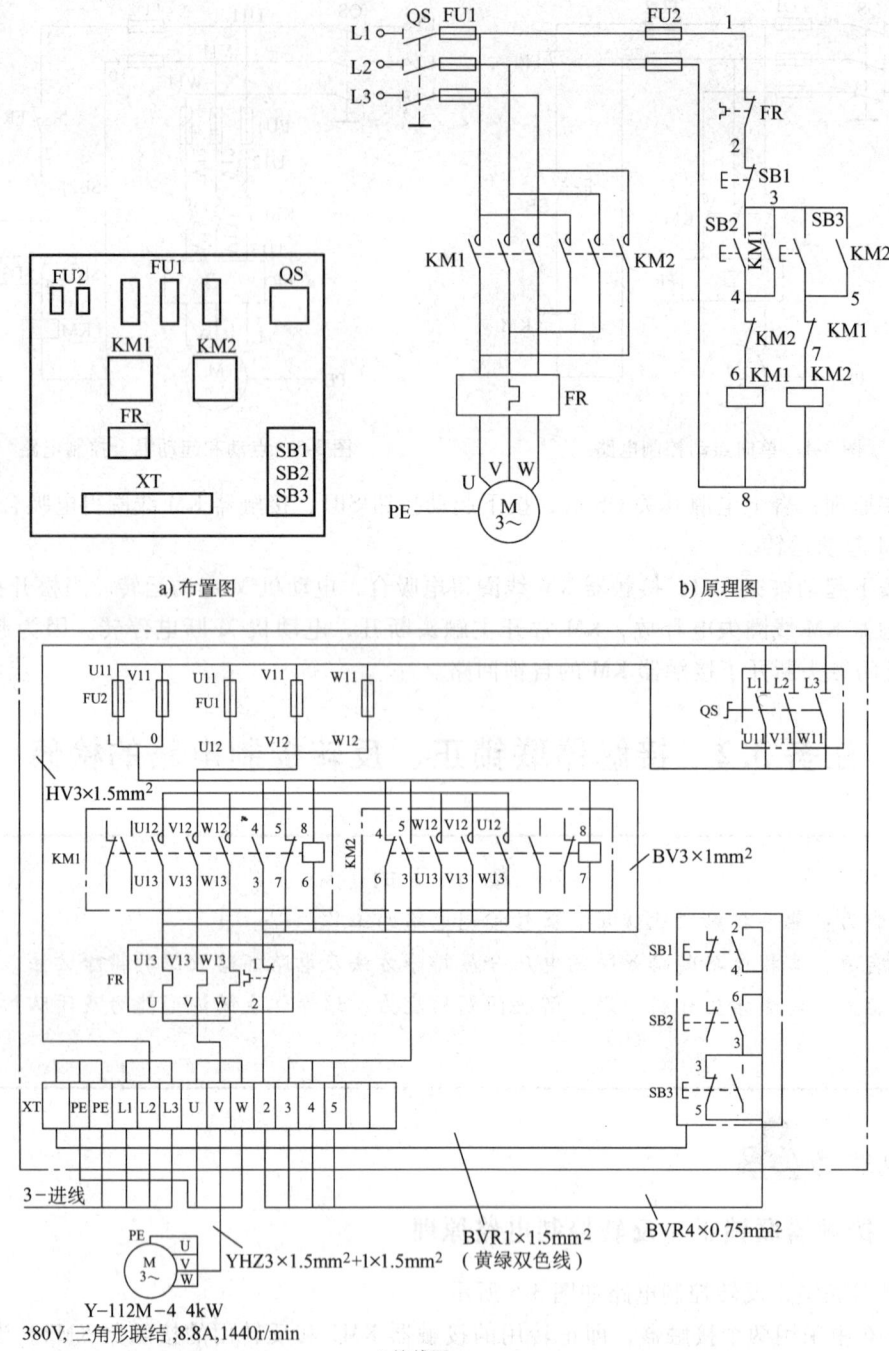

图 3-6 接触器联锁正、反转控制电路

正转控制时，按下按钮 SB2，接触器 KM1 线圈得电吸合，KM1 主触头闭合，电动机 M 起动正转，同时 KM1 的自锁触头闭合，联锁触头断开。

反转控制时，必须先按下停止按钮 SB1，接触器 KM1 线圈失电释放，KM1 触头复位，电动机 M 断电；然后按下反转按钮 SB3，接触器 KM2 线圈得电吸合，KM2 主触头闭合，电动机 M 起动反转，同时 KM2 自锁触头闭合，联锁触头断开。

3.2.2 电池灯

电池灯又称"对号灯"。它是由两节 1 号电池、1 个手电筒及 2.5V 的小灯泡组成,如图 3-7 所示。可用它来检查电路的通断等。

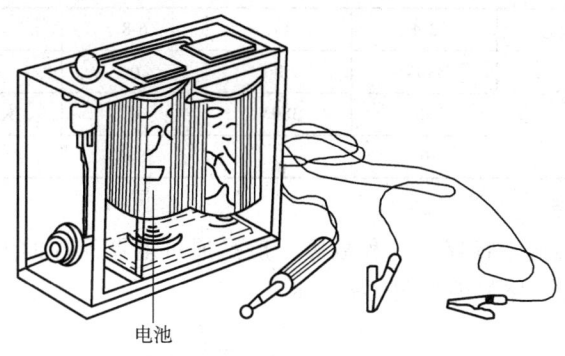

电池

图 3-7 电池灯

如果电路中串接有电感元件（如接触器、继电器的线圈），则用电池灯测试时应与被测回路隔离,以防止在通电的瞬间因自感电动势过高,而使测试者产生麻电的感觉。

➢ 技能能力

3.2.3 工作任务描述

1）有一接触器联锁正、反转控制电路,现按动起动按钮 SB2 时接触器 KM1 不能吸合,按动 SB3 时接触器 KM2 能吸合,说明控制接触器 KM1 的控制电路有断路故障,试采用电压分段测量法对其进行检修。

2）如果电路出现短路故障应如何检修？

3.2.4 工具、仪表、材料及设备

（1）工具　测电笔、螺钉旋具、尖嘴钳、斜口钳、剥线钳、电工刀等。

（2）仪表　MF47 型万用表。

（3）材料　导线若干、透明绝缘胶布、绝缘胶布。

（4）设备　接触器联锁正、反转控制电路板。

3.2.5 操作工艺要点

1. 电压分段测量法检修断路故障

对该电路断路故障的检修采用电压分段测量法,电压的分段测量法如图 3-8 所示。

检查时先用万用表测试 1-8 两点间电压,电压值为 380V,说明电源电压正常。

电压的分段测试法是将红、黑两表笔逐段测量相邻两标号点 1-2、2-3、3-4、4-6、6-8 间的电压。

如电路正常,按 SB2 后,除 6-8 两点间的电压为 380V 外,其他任何相邻两点间的电压值均为零。

如按下起动按钮 SB2,接触器 KM1 不吸合,说明发生断路故障（但由于接触器 KM2 能

吸合,说明 1-3 点均无故障,则不需测量),此时可用电压表逐段测试各相邻两点间的电压。先按下 SB2 不放,如测量到某相邻两点间的电压为 380V 时,说明这两点间有断路故障,根据各阶电压值来检查故障的方法可见表 3-4。

表 3-4 分段测量法判别故障原因

故障现象	测试状态	3-4	4-6	6-8	故障原因
按下 SB2,KM1 不吸合	按下 SB2 不放	380V	0	0	SB2 接触不良
		0	380V	0	KM2 的常闭触头接触不良
		0	0	380V	KM1 线圈烧坏

2. 短路故障的检修

(1) 电源间短路故障的检修　这种故障一般是通过电器元件的触头或联接导线将电源短路。电源之间的某种短路故障如图 3-9 所示。

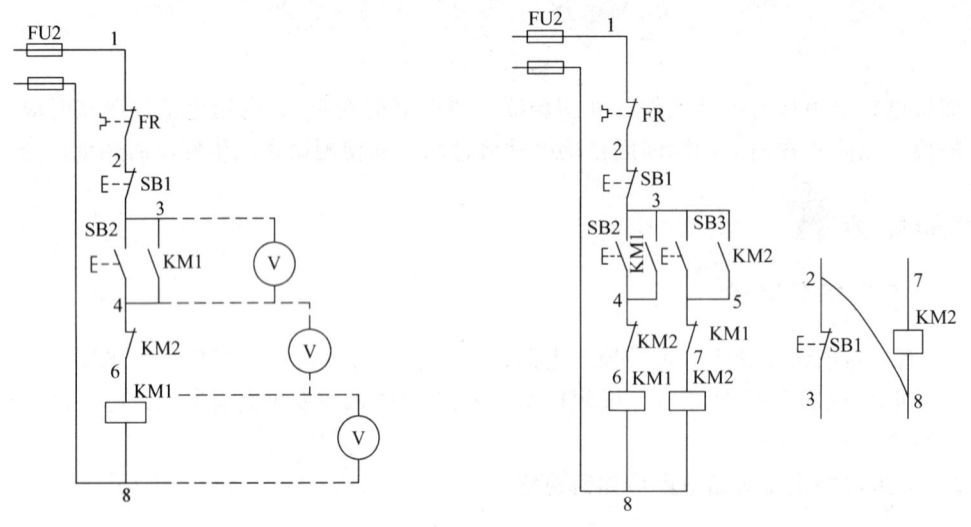

图 3-8　电压的分段测量法　　图 3-9　电器元件触头之间的短路故障

图 3-9 中,热继电器 FR 下的 2 号与 8 号线因某种原因联接将电源短路,合上电源时,熔断器 FU2 就熔断。现采用电池灯进行检修的方法如下:

1) 拿去熔断器 FU2 的熔体,将电池灯的两根线分别接到 1 号和 8 号线上,如灯亮,说明电源间短路。

2) 将接触器 KM2 线圈触头上的 8 号线拆下,如灯暗,说明电源短路在这个环节。

3) 再将电池灯的一根线从 8 号移到 6 号上,如灯灭,说明短路在 8 号上。

4) 将电池灯的两根线仍分别接到 1 号和 8 号线上,然后断开 2 号线,当断开 2 号线时灯灭,说明 2 号和 8 号线间短路。

上述短路故障也可利用万用表的电阻挡检修(电阻法在后面任务有介绍)。

(2) 电器元件触头本身短路故障的检修　图 3-9 中的停止按钮 SB1 短路,则接触器 KM1 和 KM2 工作后就不能释放;又如接触器 KM1 的自锁触头短路,这时一合上电源,KM1 就吸合。这类故障较明显,只要通过分析即可确定故障点。

(3) 电器元件触头之间短路故障的检修　图 3-9 中,接触器 KM1 的辅助触头处 3-7 点间因某种原因而短路,这样当合上电源时,接触器 KM2 即吸合。

1）通电检修：通电检修时可按下 SB1，如接触器 KM2 释放，则可确定一端短路故障在 3 号以下；若拆下 5 号线，KM2 仍吸合，则可确定 3 号点和 7 号点为短路故障点。

2）断电检修：将熔断器 FU2 拔下，用万用表的电阻挡（或电池灯）测 2-7 点，若电阻为 0（或电池灯亮），则表示 2-7 点间有短路故障；然后按 SB1，若电阻为 ∞（或电池灯不亮），说明短路不在 2 号；再将 KM1 常闭触头断开，若电阻为 0（或电池灯亮），则说明短路也不在 5 号；然后将 7 号断开，电阻为 ∞（或电池灯不亮），则可确定短路故障点在 3 号点和 7 号点。

3.2.6 任务单

任务单见表 3-5。

表 3-5 任务单

任务名称	接触器联锁正、反转控制电路的检修		学时		班级	
学生姓名			学生学号		任务成绩	
实训材料与仪表	参阅 3.2.4 节		实训场地		日期	
任务内容	1. 有一接触器联锁正、反转控制电路，现按动起动按钮 SB2 时接触器 KM1 不能吸合，按动 SB3 时接触器 KM2 能吸合，说明控制接触器 KM1 的控制电路有断路故障，试采用电压分段测量法对其进行检修 2. 如果电路出现短路故障应如何检修故障（要求时间不超过 15min）					
任务目的						
（一）资讯						
资讯问题： 资讯引导：《机床电器自动控制》　　作者：陈远龄　　出版社：重庆大学出版社						
（二）决策与计划						
（三）实施						
（四）检查（评价）						

3.2.7 考核标准

考核标准见表3-6。

表3-6 考核标准

序号	工作过程	主要内容	评分标准	配分	学生（自评）		教师	
					扣分	得分	扣分	得分
1	资讯 （10分）	任务相关 知识查找	查找相关知识学习，该任务知识能力掌握度达到60%扣5分	10				
			查找相关知识学习，该任务知识能力掌握度达到80%扣2分					
			查找相关知识学习，该任务知识能力掌握度达到90%扣1分					
2	决策计划 （10分）	确定方案、 编写计划	制定整体设计方案，在实施过程中修改一次扣2分	10				
			制定实施方法，在实施过程中修改一次扣2分					
3	实施 （10分）	记录实施 过程步骤	实施过程中，步骤记录不完整度达到10%扣2分	10				
			实施过程中，步骤记录不完整度达到20%扣3分					
			实施过程中，步骤记录不完整度达到40%扣5分					
4	检查评价 （60分）	元件测试	不会用仪表检测电器元件质量好坏，扣2分	4				
			仪表使用方法不正确，扣2分					
		故障检测	设备操作不熟练，扣2分	21				
			在原理图上标不出故障回路或标错，每个故障点扣2分					
			不能标出最小故障范围，每个故障点扣2分					
			故障分析思路不清楚，每个故障点扣2分					
			方法不正确，每个故障点，扣5分					
		调试	通电顺序不对，扣5分	15				
			扩大故障范围或产生新故障，每个扣5分					
		调试结果	每少排除一处故障，扣5分	20				
			损坏电动机，直接扣20分					

(续)

序号	工作过程	主要内容	评分标准	配分	学生（自评）		教师	
					扣分	得分	扣分	得分
5	职业规范、团队合作（10分）	安全文明生产	违反安全文明操作规程扣3分	3				
		组织协调与合作	团队合作较差，小组不能配合完成任务扣3分	3				
		交流与表达能力	不能用专业语言正确流利简述任务成果扣4分	4				
			合计	100				

学生自评总结	
教师评语	
学生签字 年 月 日	教师签字 年 月 日

3.2.8 知识能力测试

1. 简述

1) 简述电池灯的应用。
2) 简述如何用电压分段测量法检修电路断路故障。
3) 简述如何检修电路的短路故障。

2. 训练内容

1) 按钮、接触器双重联锁正、反转控制电路的检修　按钮、接触器双重联锁正、反转控制电路如图3-10所示，在控制回路设置故障两处，试采用电压分段测量法进行故障排除，要求时间不超过15min。

工作原理：正转控制时，按下按钮SB2，接触器KM1线圈得电吸合，KM1主触头闭合，电动机M起动正转，同时按钮SB2联锁触头断开，KM1的自锁触头闭合，联锁触头断开。

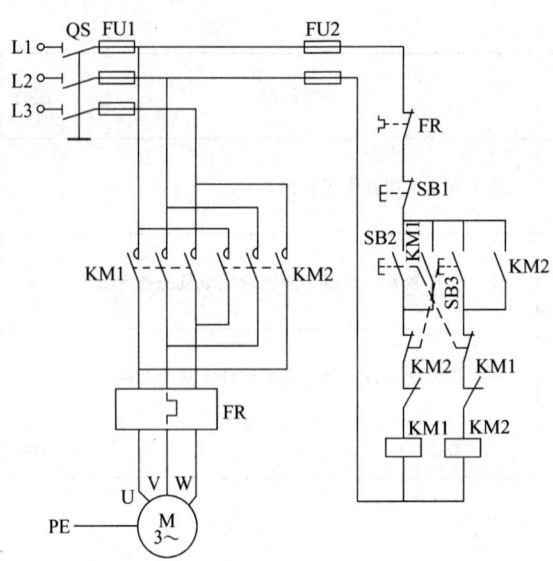

图 3-10 按钮、接触器双重联锁正、反转控制电路

反转控制时,当按下反转按钮 SB3 时,使接在正转控制电路中的 SB3 常闭触头先断开,正转接触器 KM1 线圈断电,KM1 主触头断开,电动机 M 断电停转;接着按钮 SB3 的常开触头闭合,使反转接触器 KM2 线圈得电,KM2 主触头闭合,电动机 M 反转起动;同时按钮 SB3 联锁触头断开,KM2 自锁触头闭合,KM2 联锁触头断开。

2)自动往复循环控制电路的检修 自动往复循环控制电路如图 3-11 所示,在控制回路设置短路故障一处,进行故障排除,要求时间不超过 15min。

利用生产机械运动的行程来控制其自动往返的方法叫自动往复循环控制,它是通过位置开关来实现的。

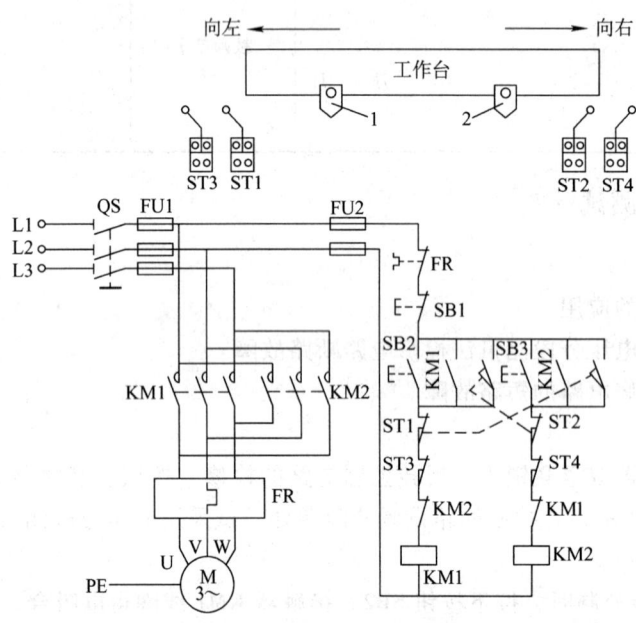

图 3-11 自动往复循环控制电路

工作原理：合上电源开关 QS，按下起动按钮 SB2，接触器 KM1 线圈得电，KM1 主触头闭合，电动机 M 正转起动，工作台向左移动；当工作台移动到一定位置时，挡铁 1 碰撞位置开关 ST1，使 ST1 的常闭触头断开，接触器 KM1 线圈失电释放，电动机 M 断电；与此同时位置开关 ST1 的常开触头闭合，接触器 KM2 线圈得电吸合，使电动机 M 反转，拖动工作台向右移动，此时位置开关 ST1 虽复位，但接触器 KM2 的自锁触头已闭合，故电动机 M 继续拖动工作台向右移动；当工作台向右移动到一定位置时，挡铁 2 碰撞位置开关 ST2，ST2 的常闭触头断开，接触器 KM2 线圈失电释放，电动机 M 断电，同时 ST2 的常开触头闭合，接触器 KM1 线圈又得电动作，电动机 M 又正转，拖动工作台向左移动。如此周而复始，工作台在预定的距离内自动往复运动。

图中位置开关 ST3 和 ST4 安装在工作台往复运动的极限位置上，以防止位置开关 ST1 和 ST2 失灵，工作台继续运动不停止而造成事故。

任务 3.3 星形-三角形减压起动控制电路的检修

> **教学目的**
> 知识能力：掌握用电阻法排除故障的方法。
> 技能能力：掌握主电路故障的排除方法。
> 社会能力：培养学生分析问题、解决问题的能力；培养学生的沟通能力及团队协作精神。

▶ 知识能力

3.3.1 星形-三角形减压起动控制电路的原理

星形-三角形减压起动控制电路如图 3-12 所示。

合上电源开关 QS 后，按下起动按钮 SB2，接触器 KM1 和 KM2 线圈同时得电吸合，KM1 和 KM2 主触头闭合，电动机星形联结减压起动，与此同时，时间继电器 KT 的线圈同时得电，KT 常闭触头延时断开，KM2 线圈失电释放，KT 常开触头延时闭合，KM3 线圈得电吸合，电动机定子绕组由星形联结自动换接成三角形联结。时间继电器 KT 的触头延时动作时间由电动机的功率及起动时间的快慢等决定。

▶ 技能能力

3.3.2 工作任务描述

1）如果电路连接良好，当按下起动按钮 SB2，但无任何接触器动作，试分别采用电阻的分阶测量法和电阻的分段测量法检修故障。

2）如果控制电路良好但电动机不能起动，请综合分析并检修故障。

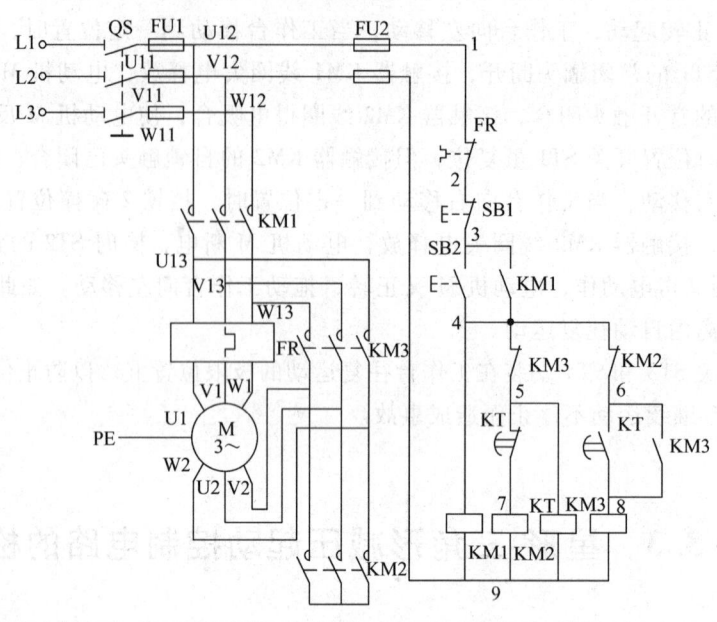

图 3-12 星形-三角形减压起动控制电路

3.3.3 工具、仪表、材料及设备

(1) 工具　测电笔、螺钉旋具、尖嘴钳、斜口钳、剥线钳、电工刀等。
(2) 仪表　MF47 型万用表。
(3) 材料　导线若干、透明绝缘胶布、绝缘胶布。
(4) 设备　模拟星形-三角形减压起动控制电路板。

3.3.4 操作工艺要点

1. 工作任务 1) 的故障检修

由于按下起动按钮无任何接触器动作,且电路连接良好,则可判定故障发生在公共回路,对该故障采用电阻分阶和分段测量法来分别进行检修。

(1) 电阻的分阶测量法　电阻的分阶测量法如图 3-13 所示。

用万用表的电阻挡检测故障前应先断开电源,然后按下 SB2 不放,先测量 1-4 两点间的电阻,如电阻值为无穷大,说明 1-4 之间的电路断路。然后分阶测量 1-2、1-3 各点间电阻值。若电路正常,则该两点间的电阻值为 0;若测量到某标号间的电阻值为无穷大,则说明表笔刚跨过的触头或连接导线断路。

(2) 电阻的分段测量法　电阻的分段测量法如图 3-14 所示。

检查时,同样应先切断电源,按下起动按钮 SB2,然后依次逐段测量相邻两标号点 1-2、2-3、3-4 间的电阻。如测得某两点的电阻为无穷大,说明这两点间的触头或连接导线断路。例如,当测得 2-3 两点间电阻为无穷大时,说明停止按钮 SB1 或连接 SB1 的导线断路。

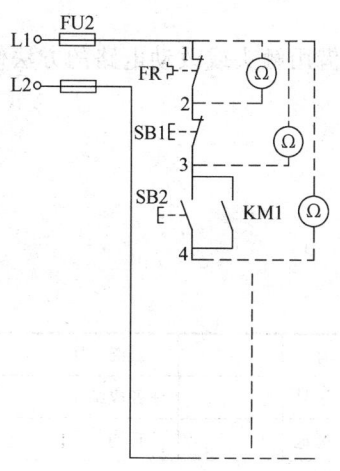 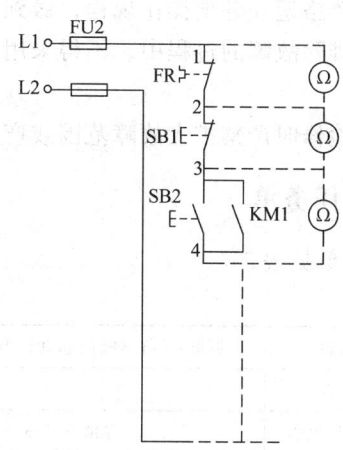

图 3-13 电阻的分阶测量法　　　　图 3-14 电阻的分段测量法

注意事项

1) 用电阻测量法检查故障时一定要断开电源。

2) 如被测的电路与其他电路并联时,必须将该电路与其他电路断开,否则所测得的电阻值是不准确的。

3) 测量高电阻值的电器元件时,应把万用表的选择开关旋转至合适的电阻挡。

2. 工作任务 2) 的故障检修

1) 分析故障原因,确定故障范围　根据试运行时观察的故障现象,控制电路能够正常工作,可判断出故障范围在主电路。

2) 在故障检查范围中,采用逻辑分析及正确的测量方法,迅速查找故障:

① 分析。电动机不能起动的原因是:熔断器 FU1 熔断、接触器 KM1 主触头接触不良、接触器 KM2 主触头接触不良或者热继电器接头处接触不良,造成电动机断相,不能起动。

② 采用电压法进行测量。首先检查 U11、V11、W11 之间的电压是否正常,然后检查 U12、V12、W12 之间的电压,依次顺序检查。如果检查中发现 V12、W12 之间的电压不正常,$U_{VW}=0V$,即可判断出熔断器 FU1 的 V、W 两相熔断器至少有一相熔断。

③ 断开电源,将 FU1 的 V、W 两相熔体取下,用万用表的 $R\times 10$ 挡测量两熔体电阻,如果发现 W 相电阻为无穷大,则可确定为熔体熔断故障。

④ 依熔体规格,更换熔体,排除故障。

⑤ 通电试运行,确定电路能够正常工作。

3) 总结经验,做好维修记录,清理维修现场。

注意事项

1) 带电检修时,必须有指导教师在现场监护,以确保用电安全。同时要做好维修记录。

2) 若电路采用灯箱替代电动机,在观察故障现象时,一定要做到全面、准确。

3) 在维修过程中,要正确使用工具和仪表。

4)严格遵守各项操作规程,做到文明生产。

5)排除故障的过程中,不得采用更换电器元件、借用触头或改动电路的方法修复故障点。

6)检修时严禁扩大故障范围或产生新的故障。

3.3.5 任务单

任务单见表3-7。

表3-7 任务单

任务名称	星形-三角形减压起动控制电路的检修	学时		班级	
学生姓名		学生学号		任务成绩	
实训材料与仪表	参阅3.3.3节	实训场地		日期	
客户任务	1. 如果电路连接良好,当按下起动按钮SB2,但无任何接触器动作,试采用电阻的分阶测量法检修故障 2. 如果控制电路良好但电动机不能起动,试采用电阻的分段测量法检修故障				
任务目的					
(一)资讯 资讯问题: 资讯引导:《电气控制线路安装与维修》 作者:王建 出版社:中国劳动出版社					
(二)决策与计划 					
(三)实施 					
(四)检查(评价) 					

3.3.6 考核标准

考核标准见表3-8。

表 3-8 考核标准

序号	工作过程	主要内容	评分标准	配分	学生（自评）		教师	
					扣分	得分	扣分	得分
1	资讯（10分）	任务相关知识查找	查找相关知识学习，该任务知识能力掌握度达到60%扣5分	10				
			查找相关知识学习，该任务知识能力掌握度达到80%扣2分					
			查找相关知识学习，该任务知识能力掌握度达到90%扣1分					
2	决策计划（10分）	确定方案、编写计划	制定整体设计方案，在实施过程中修改一次扣2分	10				
			制定实施方法，在实施过程中修改一次扣2分					
3	实施（10分）	记录实施过程步骤	实施过程中，步骤记录不完整度达到10%扣2分	10				
			实施过程中，步骤记录不完整度达到20%扣3分					
			实施过程中，步骤记录不完整度达到40%扣5分					
4	检查评价（60分）	元件测试	不会用仪表检测电器元件质量好坏，扣2分	4				
			仪表使用方法不正确，扣2分					
		故障检测	设备操作不熟练，扣2分	21				
			在原理图上标不出故障回路或标错，每个故障点扣2分					
			不能标出最小故障范围，每个故障点扣2分					
			故障分析思路不清楚，每个故障点扣2分					
			方法不正确，每个故障点，扣5分					
		调试	通电顺序不对，扣5分	15				
			扩大故障范围或产生新故障，每个扣5分					
			每少排除一处故障，扣5分	20				
		调试效果	损坏电动机，直接扣20分					
5	职业规范、团队合作（10分）	安全文明生产	违反安全文明操作规程扣3分	3				
		组织协调与合作	团队合作较差，小组不能配合完成任务扣3分	3				
		交流与表达能力	不能用专业语言正确流利简述任务成果扣4分	4				
			合计	100				

(续)

学生自评总结	
教师评语	
学生签字 年　月　日	教师签字 年　月　日

3.3.7 知识能力测试

1. 简述

1) 简述电阻分阶测量法。

2) 简述电阻分段测量法。

2. 训练内容

1) 串电阻减压起动控制电路的检修　串电阻减压起动控制电路如图 3-15 所示，在控制回路设置故障两处，用电阻分段测量法或电阻分阶测量法进行故障排除，要求时间不超过 20min。

工作原理：合上电源开关 QS 后，当按下起动按钮 SB1 时，接触器 KM1 线圈得电吸合，接触器 KM1 主触头闭合，电动机串电阻减压起动，接触器 KM1 自锁常开触头闭合，时间继电器 KT 的线圈得电吸合，一段时间 KT 常开触头延时闭合，KM2 线圈得电吸合，接触器 KM2 联锁触头断开，接触器 KM1 线圈失电，接触器 KM1 主触头断开。接着接触器 KM2 主触头闭合，电动机脱离减压电阻进入全压运行。同时触器 KM2 自锁常开触头闭合。

2) 自耦变压器减压起动控制电路的检修　自耦变压器减压起动控制电路如图 3-16 所示，在控制回路和主回路各设置故障一处，用电阻分段测量法或电阻分阶测量法进行故障排除，要求时间不超过 20min。

合上电源开关 QS 后，当按下起动按钮 SB2 时，接触器 KM2、KM3 和 KT 的线圈同时得

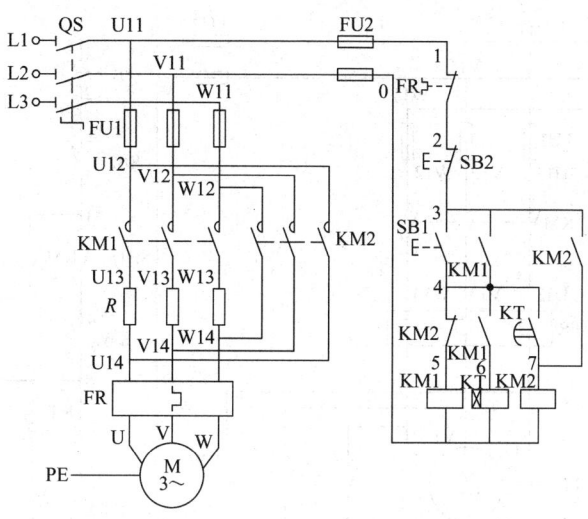

图 3-15 串电阻减压起动控制电路

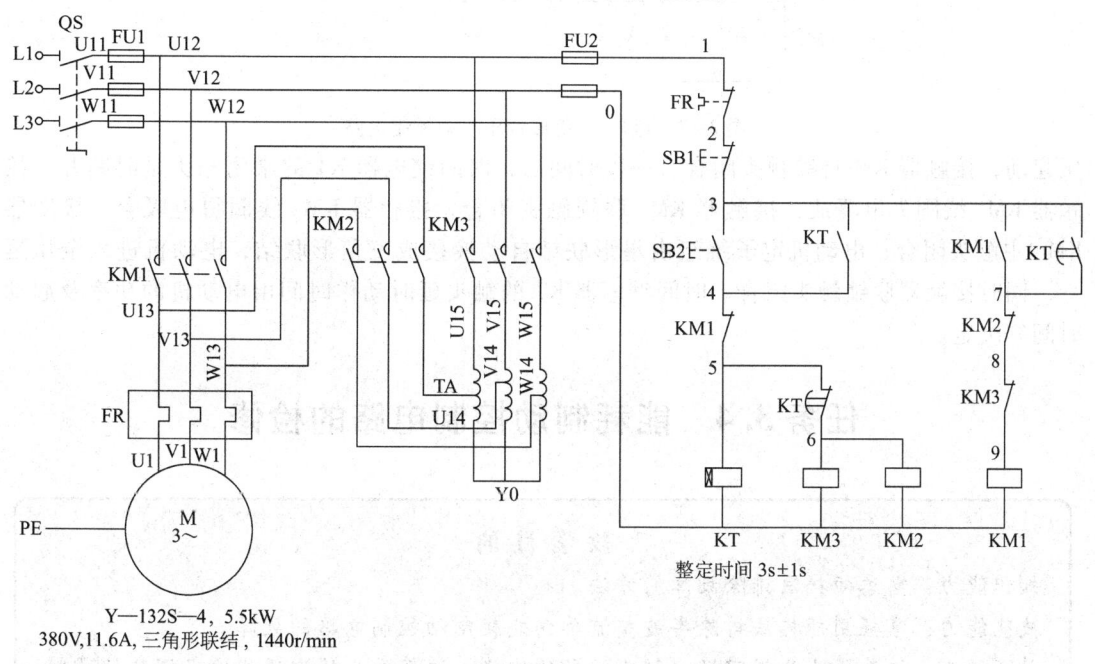

图 3-16 自耦变压器减压起动控制电路

电吸合，接触器 KM2 和 KM3 主触头闭合，电动机自耦变压器减压起动，接触器 KM2 和 KM3 联锁常闭触头断开。一段时间后，KT 常闭触头先延时断开，接触器 KM2 和 KM3 线圈失电释放，KT 常开触头后延时闭合，接触器 KM1 主触头闭合，电动机脱离自耦变压器进入全压运行，同时接触器 KM1 联锁常闭触头断开。

3）星形-三角形减压起动控制电路检修　星形-三角形减压起动控制电路如图 3-17 所示，人为设置短路故障一处，要求用电阻法断电检修，要求时间不超过 10min。

工作原理：合上电源开关 QS 后，按下起动按钮 SB1，接触器 KM$_Y$ 和 KT 线圈同时得电吸合，接触器 KM$_Y$ 的主触头闭合，电动机星形联结，接触器 KM$_Y$ 联锁触头断开，接触器 KM$_Y$ 辅助触头闭合，接触器 KM 线圈得电吸合，接触器 KM 主触头闭合，电动机星形联结减

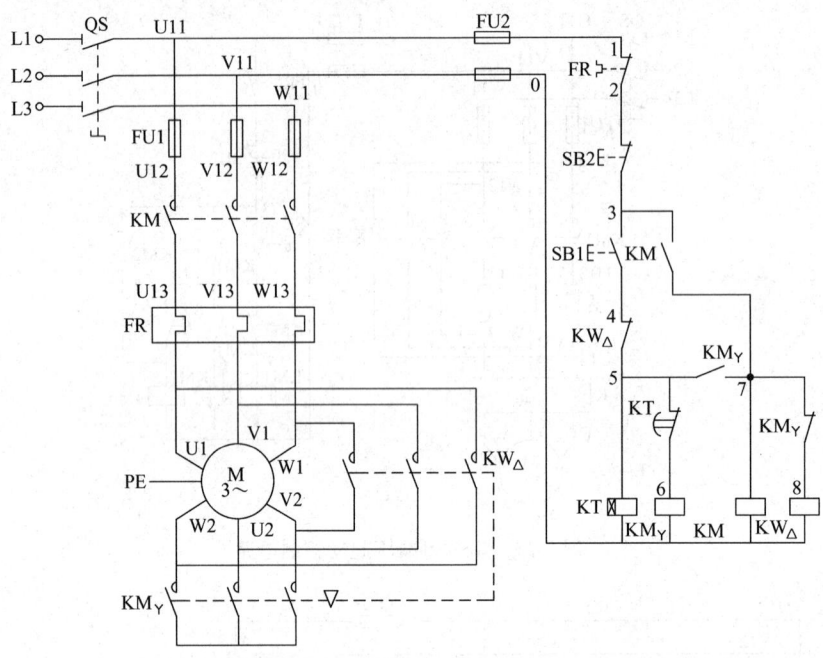

图 3-17 星形-三角形减压起动控制电路

压起动,接触器 KM 自锁触头闭合。一段时间后,时间继电器 KT 的常闭触头延时断开,接触器 KM_Y 线圈失电释放,接触器 KM_Y 联锁触头闭合,接触器 KM_△ 线圈得电吸合,接触器 KM_△ 主触头闭合,电动机定子绕组由星形联结自动换接成三角形联结,电动机进入全压运行,同时接触器联锁触头闭合。时间继电器 KT 的触头延时动作时间由电动机的功率及起动时间等决定。

任务 3.4　能耗制动控制电路的检修

教 学 目 的

知识能力:熟悉短接法排除故障的方法。
技能能力:掌握用短接法排除半波整流单向能耗制动控制电路的故障。
社会能力:培养学生分析问题、解决问题的能力;培养学生的沟通能力及团队协作精神。

▶知识能力

3.4.1　半波整流单向能耗制动控制电路

半波整流单向能耗制动控制电路如图 3-18 所示。

半波整流单向能耗制动控制电路原理如下:

起动时,合上电源开关 QS,按下起动按钮 SB2,接触器 KM1 线圈得电吸合,KM1 主触头闭合,电动机 M 起动。

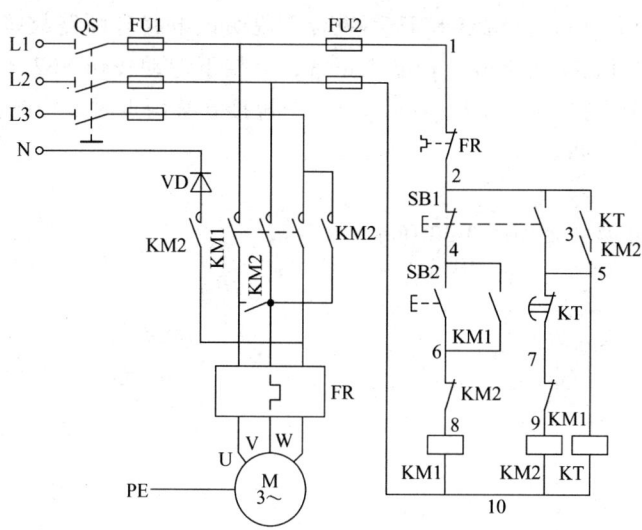

图 3-18 半波整流单向能耗制动控制电路

停止制动时，按下停止按钮 SB1，接触器 KM1 线圈失电释放，KM1 主触头断开，电动机 M 断电惯性运转，同时接触器 KM2 和时间继电器 KT 线圈得电吸合，KM2 主触头闭合，电动机 M 进行半波能耗制动；能耗制动结束后，KT 常闭触头延时断开，KM2 线圈失电释放，KM2 主触头断开半波整流脉动直流电源。

图 3-18 中，时间继电器 KT 瞬时闭合常开触头的作用是为了当 KT 线圈出现断线或机械卡阻故障时，电动机在按下停止按钮 SB1 后能迅速制动，同时避免三相定子绕组长期通入半波整流的脉动直流电源。

▶ 技能能力

3.4.2 工作任务描述

对于图 3-18 所示半波整流单向能耗制动控制电路，按下起动按钮 SB2，但接触器 KM1 不动作，试用短接法检修故障。

3.4.3 工具、仪表、材料及设备

（1）工具　测电笔、螺钉旋具、尖嘴钳、斜口钳、剥线钳、电工刀等。
（2）仪表　MF47 型万用表。
（3）材料　导线若干、透明绝缘胶布、绝缘胶布。
（4）设备　模拟半波整流单向能耗制动控制电路板。

3.4.4 操作工艺要点

短接法是用一根绝缘良好的导线，把所怀疑的断路部位短接，如短接过程中，电路被接通，就说明该处断路。

1. 局部短接法

局部短接法检查断路故障如图 3-19 所示。

按下起动按钮 SB2 时,接触器 KM1 不吸合,说明该电路有断路故障。检查时先用万用表电压挡测量 1-10 两点间电压值,若电压正常,可按下起动按钮 SB2 不放,然后用一根绝缘良好的导线,分别短接 1-2、2-4、4-6、6-8。当短接到某两点时,接触器 KM1 吸合,说明断路故障就在这两点之间。

2. 长短接法

长短接法检修断路故障如图 3-20 所示。

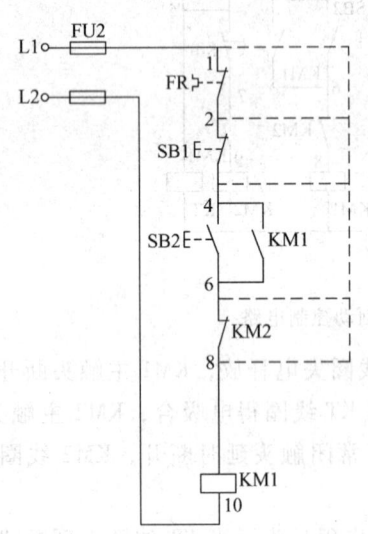
图 3-19 局部短接法检查断路故障

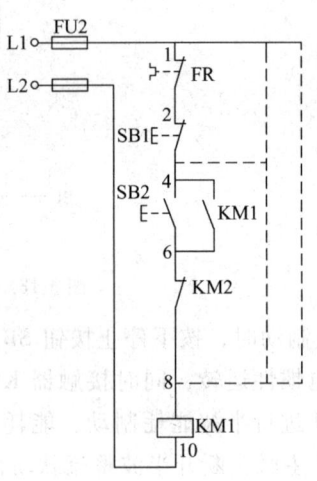
图 3-20 长短接法检修断路故障

长短接法是指一次短接两个或多个触头来检查断路故障的方法。

当 FR 的常闭触头和 SB1 的常闭触头同时接触不良,如用上述局部短接法短接 1-2 点,按下起动按钮 SB2,KM1 仍然不会吸合,故可能会造成判断错误。而采用长短接法将 1-8 短接,如 KM1 吸合,说明 1-8 段电路中有断路故障,然后再短接 1-4 和 4-8。若短接 1-4 时,按下 SB2 后 KM1 吸合,说明故障在 1-4 段范围内,再用局部短接法短接 1-2 和 2-4,能很快地将断路故障排除。

注意事项

1) 短接法是用手拿绝缘导线带电操作的,所以一定要注意安全,避免触电事故发生。

2) 短接法只适用于检查压降极小的导线和触头之间的断路故障。对于压降较大的电器,如电阻、接触器和继电器的线圈等断路故障,不能采用短接法,否则会出现短路故障。

3) 对于机床的某些要害部位,必须保障电气设备或机械部位不会出现事故的情况下才能使用短接法。

3.4.5 任务单

任务单见表 3-9。

表 3-9 任务单

任务名称	能耗制动控制电路的检修		学时		班级	
学生姓名			学生学号		任务成绩	
实训材料与仪表	参阅 3.4.3 节		实训场地		日期	
客户任务	对于半波整流单向能耗制动控制电路，按下起动按钮 SB2 时，接触器 KM1 不动作，试用短接法检修故障。					
任务目的						
（一）资讯						
资讯问题： 资讯引导：《电气控制线路安装与维修》　作者：王建　出版社：中国劳动出版社						
（二）决策与计划						
（三）实施						
（四）检查（评价）						

3.4.6 考核标准

考核标准见表 3-10。

表 3-10 考核标准

序号	工作过程	主要内容	评分标准	配分	学生（自评）		教师	
					扣分	得分	扣分	得分
1	资讯 （10 分）	任务相关 知识查找	查找相关知识学习，该任务知识能力掌握度达到 60% 扣 5 分	10				
			查找相关知识学习，该任务知识能力掌握度达到 80% 扣 2 分					
			查找相关知识学习，该任务知识能力掌握度达到 90% 扣 1 分					

（续）

序号	工作过程	主要内容	评分标准	配分	学生（自评）		教师	
					扣分	得分	扣分	得分
2	决策计划（10分）	确定方案、编写计划	制定整体设计方案，在实施过程中修改一次扣2分	10				
			制定实施方法，在实施过程中修改一次扣2分					
3	实施（10分）	记录实施过程步骤	实施过程中，步骤记录不完整度达到10%扣2分	10				
			实施过程中，步骤记录不完整度达到20%扣3分					
			实施过程中，步骤记录不完整度达到40%扣5分					
4	检查评价（60分）	元件测试	不会用仪表检测电器元件质量好坏，扣2分	4				
			仪表使用方法不正确，扣2分					
		故障检测	设备操作不熟练，扣2分	21				
			在原理图上标不出故障回路或标错，每个故障点扣2分					
			不能标出最小故障范围，每个故障点扣2分					
			故障分析思路不清楚，每个故障点扣2分					
			方法不正确，每个故障点扣5分					
		调试	通电顺序不对，扣5分	15				
			扩大故障范围或产生新故障，每个扣5分					
		调试效果	每少排除一处故障，扣5分					
			损坏电动机，直接扣20分	20				
5	职业规范、团队合作（10分）	安全文明生产	违反安全文明操作规程扣3分	3				
		组织协调与合作	团队合作较差，小组不能配合完成任务扣3分	3				
		交流与表达能力	不能用专业语言正确流利简述任务成果扣4分	4				
			合计	100				

学生自评总结

教师评语			
学生签字		教师签字	
	年　月　日		年　月　日

3.4.7　知识能力测试

1. 简述

1）简述局部短接法检查断路故障。

2）简述长短接法检修断路故障。

2. 训练内容

反接制动控制电路的检修（在控制回路设置故障两处，要求用短接法进行故障排除，时间不超过 15min。）

反接制动的控制电路如图 3-21 所示。

图中 KS1 和 KS2 分别为速度继电器正、反两个方向的两副常开触头，当按下 SB2 时，电动机正转，速度继电器的常开触头 KS2 闭合，为反接制动作准备；同样，当按下 SB3 时，电动机反转，速度继电器 KS1 的另一副常开触头闭合，为反接制动作准备。应该注意的是，KS1 和 KS2 两常开触头接线时不能接错，否则就达不到反接制动的目的。

在这个控制电路中还使用了中间继电器 KA，是为了防止当操作人员因工作需要用手转动工件或主轴时，电动机带动速度继电器也随之旋转；当转速达到一定值时，速度继电器的常开触头闭合，电动机会获得电源冲动，造成工伤事故。

可逆起动反接制动控制电路的工作原理如下：合上电源开关 QS。正转起动时，按下起动按钮 SB2，接触器 KM1 线圈得电吸合，KM1 主触头闭合，电动机 M 正转起动。当电动机转速高于 120r/min 时，速度继电器的常开触头 KS2 闭合，为反接制动作准备。

要正转停止并进行反接制动时，可按下停止按钮 SB1，接触器 KM1 线圈先失电释放，电动机 M 断电惯性运转；同时中间继电器 KA 线圈得电，KA 的常开触头闭合，使接触器 KM2 线圈通过 KS2 触头得电吸合，KM2 主触头闭合，电动机 M 反接制动，当电动机 M 转速低于 100r/min 时，速度继电器的常开触头 KS2 断开，接触器 KM2 和中间继电器 KA 的线圈先后失电释放，正转停转制动。串联在 SB1 边上的 KA 常闭触头的作用是反接制动时，断开反向起动的自锁回路，防止反接制动后电动机反向起动。

反转起动、反接制动工作原理同上相似。

· 148 ·　机床电气控制技术

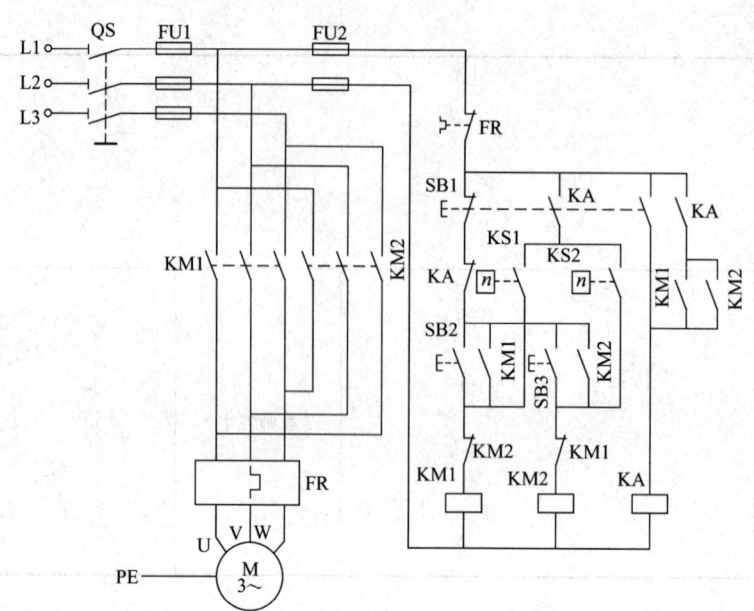

图 3-21　反接制动控制电路

模块 4　常用机床控制电路的检修

任务 4.1　CA6140 型车床电气控制电路的检修

> **教学目的**
> 知识能力：熟悉 CA6140 型车床电气控制电路的工作原理。
> 技能能力：掌握 CA6140 型车床电气控制电路常见故障的排除方法。
> 社会能力：培养学生分析问题、解决问题的能力；培养学生的沟通能力及团队协作精神。

▶ 知识能力

4.1.1　机床的结构及工作要求

1. CA6140 型车床的结构

CA6140 型卧式车床主要由床身、主轴变速箱、挂轮箱、进给箱、溜板箱、溜板与刀架、尾座、光杠和丝杠等部分组成，如图 4-1 所示。

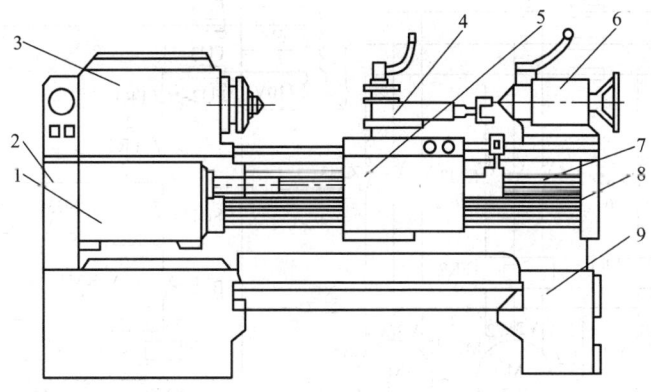

图 4-1　CA6140 型车床结构示意图
1—进给箱　2—挂轮箱　3—主轴变速箱　4—溜板与刀架
5—溜板箱　6—尾座　7—丝杠　8—光杠　9—床身

车床的主运动为工件的旋转运动，它是由主轴通过卡盘或顶尖带动工件旋转，去承受车削加工时的主要切削功率。车削加工时，应根据被加工工件材料、刀具种类、工件尺寸、工艺要求等来选择不同的切削速度。这就要求主轴能在相当大的范围内调速，普通车床调速范围一般大于 70。车削加工时，一般不要求反转，但在加工螺纹时，为避免乱扣，要反转退刀，再纵向进刀继续加工，这就要求主轴具有正、反转。

车床的进给运动是溜板带动刀架的纵向或横向直线运动，其运动方式有手动或机动两种。加工螺纹时，工件的旋转速度与刀具的进给速度应有严格的比例关系。为此，车床溜板箱与主轴变速箱之间通过齿轮传动来联接，而主运动与进给运动由一台电动机拖动。

车床的辅助运动有刀架的快速移动、尾座的移动，以及工件的夹紧与放松等。

2. CA6140型车床电力拖动及控制的要求

1）主拖动电动机一般选用三相笼型异步电动机，为满足调速要求，采用机械变速。

2）为车削螺纹，主轴要求电动机正、反转。一般车床主轴正、反转由拖动电动机正、反转来实现；当主拖动电动机功率较大时，主轴的正、反转则靠摩擦离合器来实现，电动机只作单向旋转。

3）一般中小型车床的主轴电动机均采用直接起动。当电动机功率较大时，常用星形-三角形减压起动。停车时为实现快速停车，一般采用机械或电气制动。

4）车削加工时，刀具与工件温度高，需用切削液进行冷却。为此，设有一台冷却泵电动机，拖动冷却泵输出冷却液，且与主轴电动机有着联锁关系，即冷却泵电动机应在主轴电动机起动后方可选择起动与否；当主轴电动机停止时，冷却泵电动机便立即停止。

5）为实现溜板箱的快速移动，由单独的快速移动电动机拖动，采用点动控制。

6）电路应具有必要的保护环节和安全可靠的照明和信号指示。

4.1.2 CA6140型车床原理分析

CA6140型车床的电气控制电路如图4-2所示。

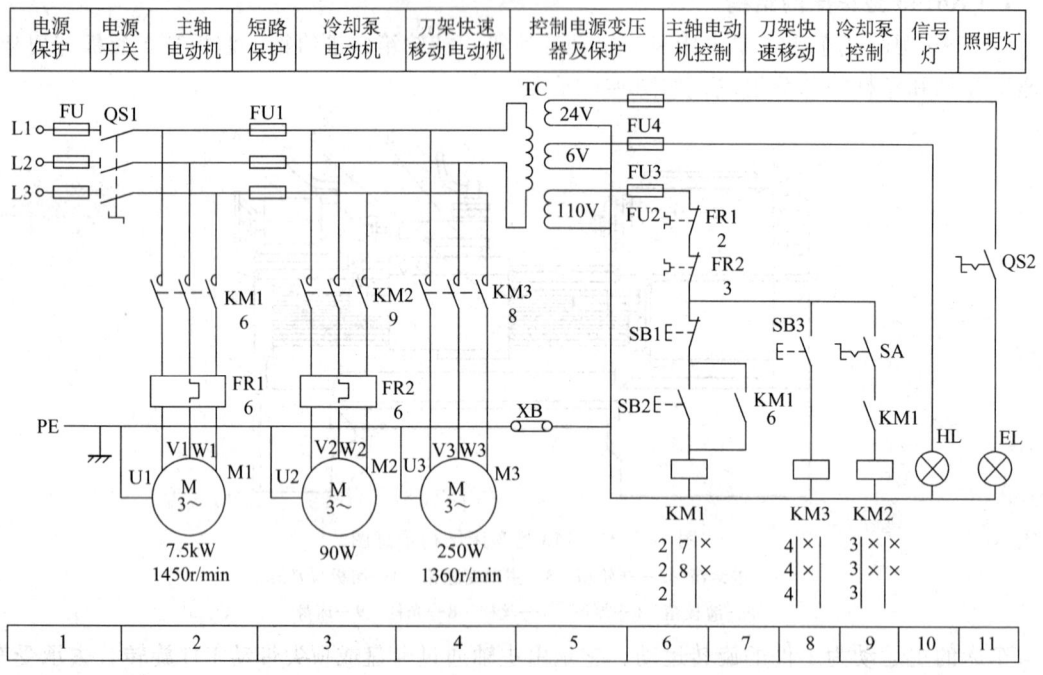

图4-2 CA6140型车床电气控制电路

1. 主电路分析

主电路共有3台电动机。M1为主轴电动机，带动主轴旋转和刀架作进给运动；M2为冷却泵电动机；M3为刀架快速移动电动机。

三相交流电源通过转换开关 QS1 引入，主轴电动机 M1 由接触器 KM1 控制起动，热继电器 FR1 为主轴电动机 M1 的过载保护。

冷却泵电动机 M2 由接触器 KM2 控制起动，热继电器 FR2 为冷却泵电动机 M2 的过载保护。

接触器 KM3 为控制刀架快速移动电动机 M3 起动用，因快速移动电动机 M3 是短期工作，故可不设过载保护。

2. 控制电路分析

控制变压器 TC 二次侧输出 110V 电压作为控制回路的电源。

（1）主轴电动机 M1 的控制　按下起动按钮 SB2，接触器 KM1 的线圈得电吸合，KM1 主触头闭合，主轴电动机 M1 起动。按下停止按钮 SB1，电动机 M1 停转。

（2）冷却泵电动机 M2 的控制　只能在接触器 KM1 得电吸合，主轴电动机 M1 起动后，合上开关 SA 使接触器 KM2 线圈得电吸合，冷却泵电动机 M2 才能起动。

（3）刀架快速移动电动机的控制　刀架快速移动电动机 M3 的起动是由安装在进给操纵手柄顶端的按钮 SB3 来控制，它与交流接触器 KM3 组成点动控制环节。将操纵手柄扳到所需的方向，压下按钮 SB3，接触器 KM3 得电吸合，电动机 M3 得电起动，刀架就向指定方向快速移动。

3. 照明、信号灯电路分析

控制变压器 TC 的二次侧分别输出 24V 和 6V 电压，作为机床照明灯和信号灯的电源。EL 为机床的低压照明灯，由开关 QS2 控制；HL 为电源的信号灯。

> 技能能力

4.1.3　工作任务描述

1）主轴电动机 M1 不能起动，试用相关方法对其进行检修。

2）按点动按钮 SB3，接触器 KM3 线圈不吸合，刀架快速移动电动机 M3 不能起动，试用相关方法对其进行检修。

4.1.4　工具、仪表、材料及设备

（1）工具　测电笔、电工刀、尖嘴钳、斜口钳、剥线钳、螺钉旋具等。

（2）仪表　MF47 型万用表。

（3）材料　导线若干、绝缘胶布、绝缘透明胶布。

（4）设备　CA6140 型车床或 CA6140 型车床模拟电气控制电路板。

4.1.5　操作工艺要点

1. 主轴电动机 M1 不能起动

1）按起动按钮 SB2 后，接触器 KM1 没吸合，主轴电动机 M1 不能起动　故障的原因必定在控制电路中，可依次用万用表电阻法检查熔断器 FU2，热继电器 FR1 和 FR2 的常闭触头，停止按钮 SB1，起动按钮 SB2 和接触器 KM1 的线圈是否断路。

2）按起动按钮 SB2 后，接触器 KM1 吸合，但主轴电动机 M1 不能起动　故障的原因必定在主电路中，可依次检查接触器 KM1 的主触头，热继电器 FR1 的热元件接线端及三相电动机的接线端等地方有无问题。

2. 刀架快速移动电动机 M3 不能起动

按点动按钮 SB3，接触器 KM3 没吸合，则故障必定在控制电路中，这时可用万用表进行分阶电压测量法依次检查热继电器 FR1 和 FR2 的常闭触头，点动按钮及接触器 KM3 的线圈是否断路。

4.1.6 任务单

任务单见表 4-1。

表 4-1 任务单

任务名称	CA6140 型车床电气故障检修	学时		班级	
学生姓名		学生学号		任务成绩	
实训材料与仪表	参阅 4.1.3 节	实训场地		日期	
任务内容	1. CA6140 型车床的主轴电动机 M1 不能起动，试用相关方法对其进行检修 2. CA6140 型车床的刀架快速移动电动机 M3 不能起动，试用相关方法对其进行检修					
任务目的						
（一）资讯 资讯问题： 资讯引导：《电气控制线路安装与维修》　作者：王建　出版社：中国劳动出版社					
（二）决策与计划 					
（三）实施 					
（四）检查（评价） 					

4.1.7 考核标准

考核标准见表 4-2。

表 4-2 考核标准

序号	工作过程	主要内容	评分标准	配分	学生（自评）		教师	
					扣分	得分	扣分	得分
1	资讯（10分）	任务相关知识查找	查找相关知识学习，该任务知识能力掌握度达到60%，扣5分	10				
			查找相关知识学习，该任务知识能力掌握度达到80%，扣2分					
			查找相关知识学习，该任务知识能力掌握度达到90%，扣1分					
2	决策计划（10分）	确定方案、编写计划	制定整体设计方案，在实施过程中修改一次扣2分	10				
			制定实施方法，在实施过程中修改一次扣2分					
3	实施（10分）	记录实施过程步骤	实施过程中，步骤记录不完整度达到10%扣2分	10				
			实施过程中，步骤记录不完整度达到20%扣3分					
			实施过程中，步骤记录不完整度达到40%扣5分					
4	检查评价（60分）	前期准备	排除故障前不进行调查研究，扣2分	4				
			仪表使用方法不正确，扣2分					
		故障检测	设备操作不熟练，扣2分	21				
			在原理图上标不出故障回路或标错，每个故障点扣2分					
			不能标出最小故障范围，每个故障点扣2分					
			故障分析思路不清楚，每个故障点扣2分					
			方法不正确，每个故障点扣5分					
		调试	通电顺序不对，扣5分	15				
			扩大故障范围或产生新故障，每个扣5分					
		调试效果	每少排除一处故障，扣5分	20				
			损坏电动机，直接扣20分					
5	职业规范、团队合作（10分）	安全文明生产	违反安全文明操作规程扣3分	3				
		组织协调与合作	团队合作较差，小组不能配合完成任务扣3分	3				
		交流与表达能力	不能用专业语言正确流利简述任务成果扣4分	4				
合计				100				

			(续)
学生自评总结			
教师评语			
学生签字	年　月　日	教师签字	年　月　日

4.1.8 知识能力测试

1. 填空

（1）车床的主运动为_____，它是由主轴通过卡盘或顶尖带动工件旋转，其承受车削加工时的主要切削功率。

（2）车床的进给运动是溜板带动刀架的纵向或____直线运动。其运动方式有____或机动两种。

（3）CA6140 型车床主电路共有_____台电动机，分别为_____电动机、_____电动机和_____电动机。

（4）控制变压器 TC 二次侧输出____V 电压作为控制回路的电源。

2. 判断

（1）CA6140 型车床电路接触器 KM3 为控制刀架快速移动电动机 M3 起动用，因快速移动电动机 M3 是短期工作，故可不设过载保护。（　　）

（2）CA6140 型车床为车削螺纹，主轴只要求电动机向一个方向运转即可。（　　）

（3）CA6140 型车床为实现溜板箱的快速移动，由单独的快速移动电动机拖动，采用点动控制。（　　）

（4）CA6140 型车床电路应具有必要的保护环节和安全可靠的照明和信号指示。（　　）

3. 简述

简单叙述 CA6140 型车床的工作原理。

4. 训练内容

（1）CA6140 型车床的主轴电动机 M1 不能停转，试用相应方法排除故障，时间不超过 10min。

（2）CA6140 型车床的照明灯不亮，试用相应方法排除故障，时间不超过 10min。

任务 4.2　XA6132 型卧式万能铣床电气控制电路的检修

> **教 学 目 的**
> 知识能力：熟悉 XA6132 型卧式万能铣床电气控制电路的工作原理。
> 技能能力：掌握 XA6132 型卧式万能铣床电气控制电路常见故障的排除方法。
> 社会能力：培养学生分析问题、解决问题的能力；培养学生的沟通能力及团队协作精神。

▶ 知识能力

4.2.1　XA6132 型卧式万能铣床的结构及工作要求

1. XA6132 型卧式万能铣床的结构

XA6132 型卧式万能铣床可用各种圆柱铣刀、圆片铣刀、角度铣刀、成形铣刀和端面铣刀，可加工各种平面、斜面、沟槽、齿轮等，如果使用万能铣头、圆工作台、分度头等铣床附件，还可以扩大机床加工范围。其结构示意图如图 4-3 所示。XA6132 型卧式万能铣床主要由床身、悬梁、刀杆支架、工作台、主轴和升降台等部分组成。

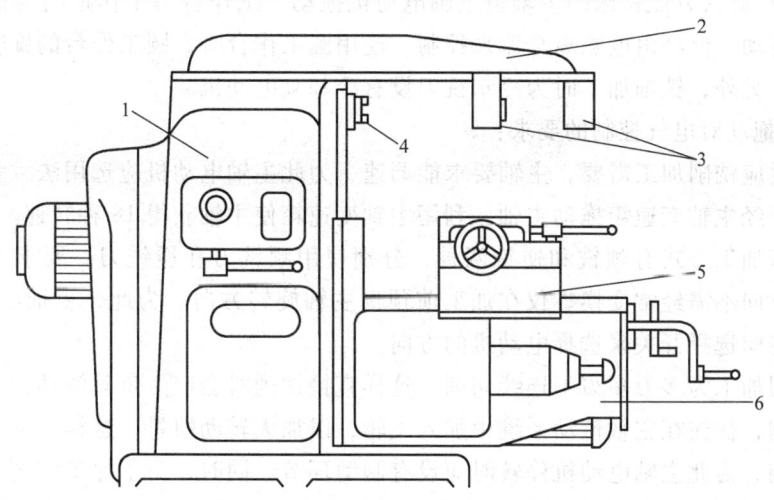

图 4-3　XA6132 型卧式万能铣床结构示意图
1—床身　2—悬梁　3—刀杆支架　4—主轴　5—工作台　6—升降台

铣刀装在与主轴连在一起的刀杆支架上，在床身的前面有垂直导轨，升降台沿其上下移动。在升降台上面的水平导轨上，装有可在平行于主轴轴线方向移动（横向移动）的溜板，在溜板上部转动部分的导轨上可作垂直于主轴轴线方向的移动（纵向移动），这样，工作台上的工件就可以在六个方向（上、下、左、右、前、后）调整位置及进给。

为了快速调整工件与刀具之间的相对位置，可以改变传动比，使工作台在上、下、左、右、前、后作快速移动。

由上述可知，XA6132 型卧式万能铣床的运动方式有：

主运动：铣刀的旋转。

进给运动：工作台的上、下、左、右、前、后运动。

辅助运动：工作台在六个方向上的快速运动。

2. 电磁离合器

XA6132 型卧式万能铣床主轴电动机停转制动、主轴上刀制动以及进给系统的工作进给和快速移动皆由电磁离合器来实现。

电磁离合器又称电磁联轴节。它是利用表面摩擦和电磁感应原理，在两个作旋转运动的物体间传递转矩的执行电器。由于它便于远距离控制，能耗小，动作迅速、可靠，结构简单，故广泛应用于机床的电气控制中。铣床上采用的是摩擦片式电磁离合器。

摩擦片式电磁离合器的分类：按摩擦片的数量可分为单片式与多片式两种。

工作原理：主动摩擦片可以沿轴向自由移动，因为是花键联接，故将随同主动轴一起转动。从动摩擦片与主动摩擦片交替叠装，可以随从动齿轮转动，并在主动轴转动时可以不转。当线圈通电后产生磁场，将摩擦片吸向铁心，衔铁也被吸住，紧紧压住各摩擦片。于是，依靠主动摩擦片与从动摩擦片之间的摩擦力，使从动齿轮随主动轴转动，实现转矩的传递。

动作电压：当电磁离合器线圈电压达到额定值的 85%～105% 时，离合器能可靠地工作。

3. XA6132 型卧式万能铣床电力拖动特点及控制要求

XA6132 型卧式万能铣床的主轴由主轴电动机拖动，工作台的工作进给与快速移动皆由进给电动机拖动，但经由电磁离合器来控制。使用圆工作台时，圆工作台的旋转也是由进给电动机拖动。另外，铣削加工时为冷却铣刀设有冷却泵电动机。

1）主轴拖动对电气控制的要求：

① 为适应铣削加工需要，主轴要求能调速，为此主轴电动机应选用法兰盘式三相笼型异步电动机，经主轴变速箱拖动主轴，利用主轴变速箱使主轴获得 18 种转速。

② 铣床加工方式有顺铣和逆铣两种，分别使用顺铣刀和逆铣刀，要求主轴能正、反转，但旋转方向不需经常变换，仅在加工前预选主轴旋转方向。为此，主轴电动机应能正、反转，并由转向选择开关来选择电动机的方向。

③ 铣削加工为多刀多刃不连续切削，这样直接切削时会产生负载波动，为减轻负载波动带来的影响，往往在主轴传动系统中加入飞轮，以加大转动惯量，这样一来，又对主轴制动带来了影响，为此主轴电动机停转时应设有制动环节。同时，为了保证安全，主轴在上刀时，也应使主轴制动。XA6132 型卧式万能铣床采用电磁离合器来控制主轴停转制动和主轴上刀制动。

④ 为适应加工的需要，主轴转速与进给速度应有较宽的调节范围。XA6132 型卧式万能铣床采用机械变速的方法，为保证变速时齿轮易于啮合，减小齿轮端面的冲击，要求变速时有电动机瞬时冲动。

⑤ 为满足铣削加工时操作者在铣床正面或侧面的操作要求，主轴电动机的起动、停止等控制应能两地操作。

2）进给拖动对电气控制的要求：

① XA6132 型卧式万能铣床工作台运行方式有手动、进给运动和快速移动三种。其中

手动为通过操作者摇动手柄使工作台移动；进给运动与快速移动则是由进给电动机拖动，是在工作进给电磁离合器与快速移动电磁离合器的控制下完成的运动。

② 为减少按钮数量，避免误操作，对进给电动机的控制采用电气开关、机构挂挡相互联动的手柄操作，即扳动操作手柄的同时压合相应的电气开关，挂上相应传动机构的挡，而且要求操作手柄扳动方向与运动方向一致，增强直观性。

③ 工作台的进给包括左右的纵向运动、前后的横向运动和上下的垂直运动，其中任何一种运动都是由进给电动机拖动的，故进给电动机要求能正反转。采用的操作手柄有两个，一个是纵向操作手柄，另一个是垂直与横向操作手柄。前者有左、右、中间三个位置，后者有上、下、前、后、中间五个位置。

④ 进给运动的控制也为两地操作方式。所以，纵向操作手柄与垂直、横向操作手柄各有两套，可在工作台正面与侧面实现两地操作，且这两套操作手柄是联动的，快速移动也为两地操作。

⑤ 工作台具备左、右、上、下、前、后六个方向的运动，为保证安全，同一时间只允许一个方向的运动。因此，应具有六个方向的联锁控制环节。

⑥ 进给运动由进给电动机拖动，经进给变速机构可获得 18 种进给速度。为使变速后齿轮能顺利啮合，减小齿轮端面的撞击，进给电动机应在变速后作瞬时冲动。

⑦ 为使铣床安全可靠地工作，铣床工作时，要求先起动主轴电动机（若换向开关扳在中间位置，则主轴电动机不旋转），才能起动进给电动机。停转时，主轴电动机与进给电动机同时停止，或先停进给电动机，后停主轴电动机。

⑧ 工作台上、下、左、右、前、后六个方向的移动应设有限位保护。

3）冷却泵电动机 M3 只要求单方向转动。

4.2.2 XA6132 型卧式万能铣床工作原理分析

XA6132 型卧式万能铣床的电气控制电路如图 4-4 所示。该电路突出的特点是：一个是采用电磁离合器控制；另一个是机械操作与电气开关动作密切配合进行。

XA6132 型卧式万能铣床电路中部分电气元件符号及功能说明见表 4-3。

表 4-3 XA6132 型卧式万能铣床电路中部分电气元件符号及功能说明

电气元件符号	名称及用途	电气元件符号	名称及用途
M1	主轴电动机	SQ1	工作台向右进给行程开关
M2	进给电动机	SQ2	工作台向左进给行程开关
M3	冷却泵电动机	SQ3	工作台向前、向上进给行程开关
KM1、KM2	主轴电动机正、反转控制接触器	SQ4	工作台向后、向下进给行程开关
KM3、KM4	进给电动机正、反转控制接触器	SA1	冷却泵选择开关
KA1	主轴电动机起停控制继电器	SA2	主轴上刀或换刀控制开关
KA2	进给与快速进给转换控制继电器	SA3	圆工作台转换开关
KA3	冷却泵电动机控制继电器	QF	低压断路器
YC1	主轴制动电磁离合器	SB1、SB2	分设在两处的主轴停止按钮
YC2	工作进给电磁离合器	SB3、SB4	分设在两处的主轴起动按钮
YC3	快速移动电磁离合器	SB5、SB6	工作台快速进给按钮

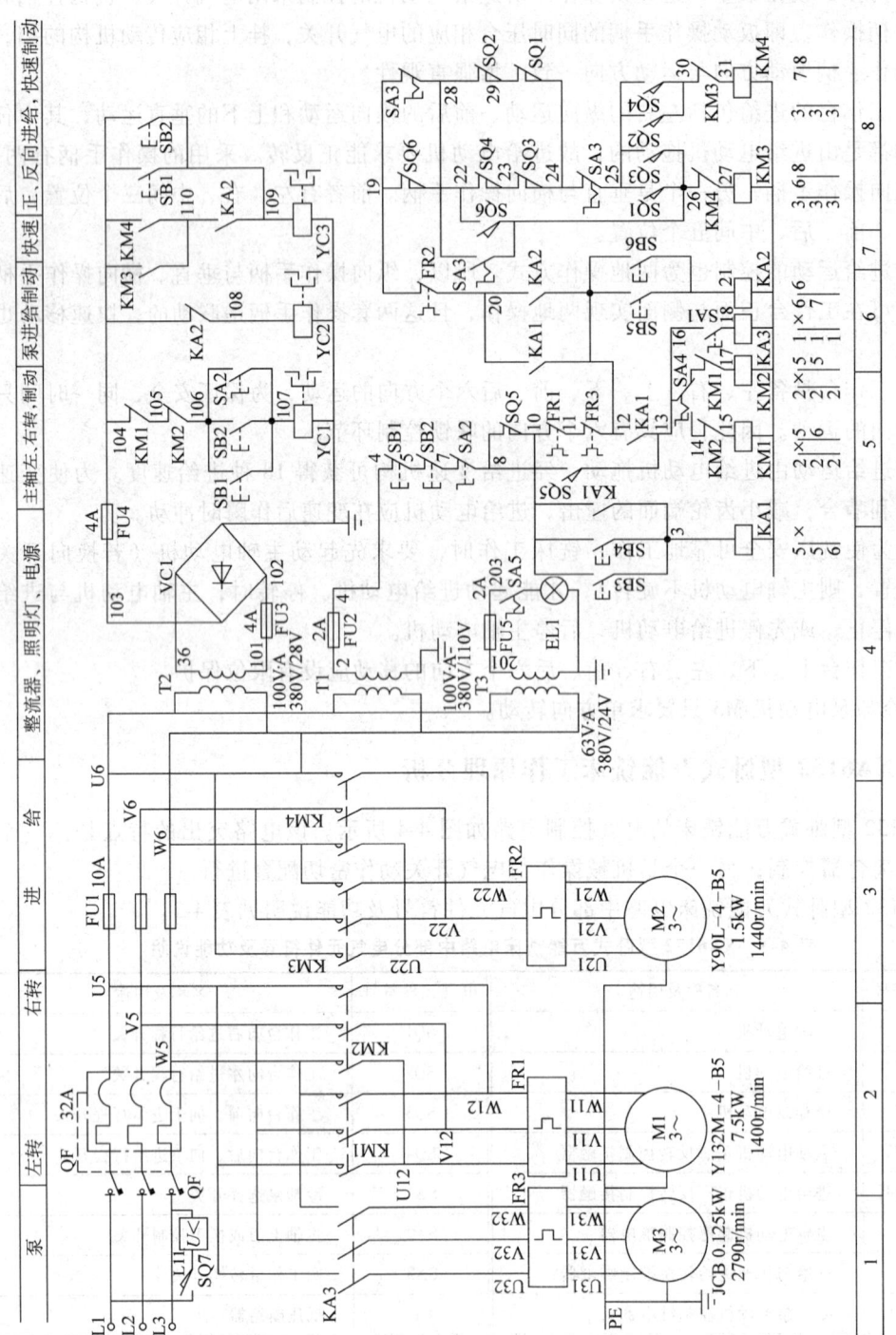

图 4-4 XA6132 型卧式万能铣床的电气控制电路

1. 主电路分析

三相交流电源由低压断路器 QF 控制。主轴电动机 M1 由接触器 KM1、KM2 控制实现正、反转，由热继电器 FR1 作过载保护。进给电动机 M2 由接触器 KM3、KM4 控制实现正、反转，由热继电器 FR2 作过载保护，由熔断器 FU1 作短路保护。冷却泵电动机 M3 由中间继电器 KA3 控制，单向旋转，由热继电器 FR3 作过载保护。整个电气控制电路由低压断路器 QF 作过电流保护、过载保护。

2. 控制电路分析

（1）主轴电动机的起动控制　主轴电动机的起动通过起动按钮 SB3 或 SB4 来控制（两地起动），按下按钮 SB3 或 SB4 后，中间继电器 KA1 线圈得电并自锁，其对应常开触头 KA1（12-13）闭合，使 KM1 或 KM2 线圈得电吸合。主轴电动机 M1 由正、反转控制接触器 KM1、KM2 实现正、反转全压起动。SA4 是主轴换向开关，由其预选电动机的正、反转。

（2）主轴电动机的制动（或停止）控制　主轴电动机的制动控制由主轴停止按钮 SB1 或 SB2 来实现（两地制动），正转接触器 KM1 或反转接触器 KM2 以及主轴制动电磁离合器 YC1 构成主轴制动停转控制环节。电磁离合器 YC1 安装在主轴传动链中与主轴电动机相连的第一根传动轴上，主轴停转时，按下 SB1 或 SB2，KM1 或 KM2 线圈断电释放，主轴电动机 M1 断开三相交流电源；同时 YC1 线圈通电，产生磁场，在电磁吸力作用下将摩擦片压紧产生制动，使主轴迅速制动，当松开 SB1 或 SB2 时，YC1 线圈断电，摩擦片松开，制动结束。在进行主轴制动操作时，一定要用力按下 SB1 或 SB2，如果是轻微用力按动 SB1 或 SB2，很有可能会造成 SB1 或 SB2 对应的常开触头不能闭合，同时 YC1 线圈也不会通电，引起的后果就是尽管主轴的控制电路断开了，但主轴在惯性作用下会继续旋转。

（3）主轴上刀或换刀时的制动控制　在进行主轴上刀或更换铣刀操作时，主轴电动机一定不得旋转，否则将有可能造成严重的人身事故。所以，XA6132 型卧式万能铣床电路中设有主轴上刀或换刀的制动控制环节，它是由主轴上刀或换刀制动开关 SA2 来控制的。在主轴上刀或换刀前，将 SA2 扳到"接通"位置，其对应触头 SA2（7-8）断开，使主轴起动控制电路断电，主轴电动机不能起动旋转；同时对应的另一触头 SA2（106-107）闭合，接通主轴制动电磁离合器 YC1 线圈，使主轴处于制动状态。上刀或换刀结束后，再将 SA2 扳至"断开"位置，触头 SA2（106-107）断开，解除主轴制动状态，同时，触头 SA2（7-8）闭合，为主轴电动机下次起动作准备。

（4）主轴变速冲动控制　变换主轴转速的操作顺序如下：

1）将床身侧面的主轴变速手柄压下，使手柄的榫块自槽中滑出，然后向外拉动变速手柄，使榫块落到第二道槽内为止。

2）转动主轴变速手柄上面的变速盘，由此方法调出主轴转速。

3）把主轴变速手柄推回原来的位置，使榫块落进槽内，主轴变速过程结束。

在将主轴变速手柄推回原位置时，将瞬间压下主轴变速行程开关 SQ5，使触头 SQ5（8-13）闭合，触头 SQ5（8-10）断开。于是接触器 KM1（或 KM2）的线圈瞬间通电吸合，其主触头瞬间接通主轴电动机作瞬时正转（或反转）点动，使变速齿轮啮合，当变速手柄榫块落入槽内时 SQ5 不再受压，触头 SQ5（8-13）断开，切断主轴电动机瞬时点动电路，主轴变速冲动结束。

主轴变速行程开关 SQ5 的触头 SQ5（8-10）是为主轴旋转过程中需要即时进行变速而设

的，即时变速时可不必按下主轴停止按钮，只需将主轴变速手柄向外拉出，压下 SQ5，使触头 SQ5（8-10）断开，就会断开主轴电动机的正转或反转接触器线圈电路，电动机会自然停转，然后再进行主轴变速操作，变速操作完成后，将主轴变速手柄推回原位置，电动机进行变速冲动，完成变速。但变速完成后还需再次按动起动按钮才能起动主轴电动机，主轴电动机起动后，主轴将在新选择好的转速下起动旋转。

（5）进给拖动控制电路分析　工作台进给方向的左右纵向运动、前后的横向运动和上下的垂直运动，都是由进给电动机 M2 的正、反转来实现的。而正、反转接触器 KM3 和 KM4 分别是由行程开关 SQ1、SQ3 与 SQ2、SQ4 来控制的，行程开关的动作由两个机械操作手柄来控制。这两个机械操作手柄，一个是纵向机械操作手柄，另一个是垂直与横向的操作手柄。扳动机械操作手柄，在完成相应的机械挂挡的同时，碰压相应的行程开关，从而接通对应的接触器，起动进给电动机 M2，拖动工作台按预定方向运动。在工作进给时，由于快速进给继电器 KA2 线圈处于断电状态，而工作进给电磁离合器 YC2 线圈通电，所以工作台的运动是正常的工作进给。

纵向机械操作手柄有左、中、右三个位置，垂直与横向机械操作手柄有上、下、前、后、中五个位置。SQ1、SQ2 为与纵向机械操作手柄有机械联系的行程开关；SQ3、SQ4 为与垂直、横向操作手柄有机械联系的行程开关。当这两个机械操作手柄处于中间位置时，SQ1～SQ4 都处在未被压下的原始状态，当扳动机械操作手柄时，将压下相应的行程开关。

SA3 为圆工作台转换开关，它有"接通"与"断开"两个位置，并有三对触头。当不需要圆工作台作圆周运动时，SA3 扳至"断开"位置，此时触头 SA3（24-25）、SA3（19-28）闭合，而触头 SA3（26-28）断开。当需要使用圆工作台作圆周运动时，SA3 扳至"接通"位置，此时触头 SA3（24-25）、SA3（19-28）断开，而触头 SA3（26-28）闭合。

在起动进给电动机之前，一般应先起动主轴电动机，即先合上电源开关 QF，再按下主轴起动按钮 SB3 或 SB4，中间继电器 KA1 线圈通电并自锁，其触头 KA1（12-20）闭合，为接下来起动进给电动机作准备。

1）工作台纵向进给运动的控制：若需工作台向右工作进给，则将纵向进给操作手柄扳向右侧，在机械上通过联动机构接通纵向进给离合器，在电气环节上压下行程开关 SQ1，触头 SQ1（25-26）闭合，触头 SQ1（24-29）断开，SQ1（24-29）切断通往 KM3 和 KM4 的另一条通路，前者使进给电动机 M2 的接触器 KM3 线圈通电吸合，M2 正向起动旋转，拖动工作台向右工作进给。

向右工作进给结束后，将纵向进给操作手柄由右位扳到中间位置，行程开关 SQ1 不再受压，触头 SQ1（25-26）断开，KM3 线圈断电释放，M2 停转，工作台向右进给停止。

若需工作台向左工作进给，则将纵向进给操作手柄扳向左侧，在机械上通过联动机构接通纵向进给离合器，在电气环节上压下行程开关 SQ2，使进给电动机 M2 的反向接触器 KM4 线圈通电吸合，M2 反向起动旋转，拖动工作台向左工作进给。向左工作进给结束后，将纵向进给操作手柄由左位扳到中间位置，工作台向左进给停止。

2）工作台向前与向上进给运动的控制：将垂直与横向进给操作手柄扳到"向前"位置，在机械上接通了横向进给离合器，在电气上压下行程开关 SQ3，触头 SQ3（25-26）闭合，SQ3（23-24）断开，正转接触器 KM3 线圈通电吸合，进给电动机 M2 正向转动，拖动工作台向前进给。向前进给结束后，将垂直与横向进给操作手柄扳回中间位置，SQ3 不再受压，KM3 线圈断电释放，M2 停止旋转，工作台向前进给停止。

工作台向上进给电路工作情况与"向前"时完全相同，只是将垂直与横向进给操作手柄扳到"向上"位置，在机械上接通垂直进给离合器，电气上仍压下行程开关 SQ3，仍然是 KM3 线圈通电吸合，仍然是 M2 正转拖动工作台向上进给。

3) 工作台向后与向下进给运动的控制：电路情况与向前和向上进给运动的控制相似，只是将垂直与横向操作手柄扳到"向后"或"向下"位置，在机械上接通垂直或横向进给离合器，在电气上都是压下行程开关 SQ4，使反向接触器 KM4 线圈通电吸合，进给电动机 M2 反向起动旋转，拖动工作台实现向后或向下的进给运动。当操作手柄扳回中间位置时，进给结束。

4) 进给变速冲动控制：进给变速冲动只有在主轴起动后，将纵向进给操作手柄、垂直与横向进给操作手柄均置于"中间"位置时才可进行。

进给变速箱是一个独立部件，装在升降台的左边，进给速度的变换是由进给操纵箱来控制，进给操纵箱位于进给变速箱前方。进给变速的操作顺序是首先将进给变换的蘑菇形操作手柄拉出并转动，把主刻度盘上所需的进给速度值对准指针，再把蘑菇形手柄向前拉到极限位置，然后将蘑菇形手柄反向推回原位，推回过程中通过变速孔盘使行程开关 SQ6 的常闭触头 SQ6（19-22）断开，常开触头 SQ6（22-26）闭合，此时，正向接触器 KM3 线圈瞬时通电吸合，进给电动机瞬时正向旋转，获得变速冲动。如果一次瞬间点动时齿轮仍未进入啮合状态，此时变速手柄不能复原，可再次拉出手柄并再次推回，实现再次瞬间点动，直到齿轮啮合好为止。

5) 进给方向快速移动的控制：进给方向的快速移动是由电磁离合器改变传动链来获得的。先开动主轴，将进给操作手柄扳到所需要移动方向的对应位置，则工作台按操作手柄选择的方向以选定的进给速度作工作进给。此时如按下快速进给按钮 SB5 或 SB6，则接通快速移动继电器 KA2 的电路，KA2 线圈通电吸合，触头 KA2（104-108）断开，切断工作进给电磁离合器 YC2 线圈电路，而触头 KA2（109-110）闭合，快速移动电磁离合器 YC3 线圈通电，工作台按原运动方向作快速移动。松开 SB5 或 SB6，快速移动立即停止，仍以原进给速度继续进给，所以，快速移动为点动控制。

(6) 圆工作台的控制　圆工作台的回转运动是由进给电动机经传动机构驱动的，使用圆工作台时，首先把圆工作台转换开关 SA3 扳到"接通"位置。按下主轴起动按钮 SB3 或 SB4，KA1、KM1 或 KM2 线圈通电吸合，主轴电动机起动旋转。接触器 KM3 线圈经 SQ1～SQ4 行程开关的常闭触头和 SA3（26-28）触头通电吸合，进给电动机起动旋转，拖动圆工作台单向回转。此时工作台进给两个机械操作手柄均处于中间位置。工作台不动，只拖动圆工作台回转。

(7) 冷却泵和机床照明的控制　冷却泵电动机 M3 通常在铣削加工时由冷却泵选择开关 SA1 控制，当 SA1 扳到"接通"位置时，冷却泵起动继电器 KA3 线圈通电吸合，M3 起动旋转，并由热继电器 FR3 作长期过载保护。

(8) 照明电路　机床局部照明由 T3 变压器供给 24V 安全电压，转换开关 SA5 控制照明灯 EL1。

(9) 控制电路的联锁与保护

1) 主运动与进给运动的顺序联锁：进给电气控制电路接在中间继电器 KA1 触头 KA1

(20-21)之后,这就保证了只有在起动主轴电动机之后才可起动进给电动机,而当主轴电动机停止时,进给电动机也立即停止。

2)工作台6个运动方向的联锁:铣床工作时,只允许工作台一个方向运动。为此,工作台6个运动方向之间都有联锁。

3)长工作台与圆工作台的联锁:圆工作台的运动必须与长工作台6个运动方向的运动有可靠的联锁,否则将造成刀具与机床的损坏。

例如,若长工作台正在运动,扳动圆工作台转换开关SA3于"接通"位置,此时触头SA3(24-25)断开,于是断开了KM3或KM4线圈电路,进给电动机也立即停止,随即长工作台也会停止运动。

4)工作台进给运动与快速运动的联锁:工作台工作进给运动与快速运动分别由电磁离合器YC2与YC3传动,而YC2与YC3是由快速进给继电器KA2控制,利用KA2的常开触头与常闭触头实现工作台进给运动与快速运动的联锁。

5)具有完善的保护:

① 熔断器FU1~FU5实现相应电路的短路保护。

② 热继电器FR1~FR3实现相应电动机的长期过载保护。

③ 断路器QF实现整个电路的过电流、欠电压等保护。

④ 工作台6个运动方向的限位保护采用机械与电气相配合的方法来实现,当工作台左、右运动到预定位置时,安装在工作台前方的挡铁将撞动纵向操作手柄,使工作台停止,实现工作台左、右运动的限位保护。

在铣床床身导轨旁设置了上、下两块挡铁,实现工作台垂直运动的限位保护。

工作台横向运动的限位保护由安装在工作台左侧底部挡铁来撞动垂直与横向操作手柄,使其回到中间位置,实现工作台垂直运动的限位保护。

⑤ 打开电气控制箱门断电的保护:在机床左壁龛上安装了行程开关SQ7,SQ7常开触头与断路器QF失压线圈串联,当打开控制箱门时,SQ7触头断开,使断路器QF失压线圈断电,QF跳闸,达到开门断电的目的。

> 技能能力

4.2.3 工作任务描述

1)主轴停转制动效果不明显或无制动,试用相关方法对其进行检修。

2)主轴变速与进给变速时无变速冲动,试用相关方法对其进行检修。

3)工作台控制电路有故障,试用相关方法对其进行检修。

4.2.4 工具、仪表、材料及设备

(1)工具 测电笔、电工刀、尖嘴钳、斜口钳、剥线钳、螺钉旋具等。

(2)仪表 MF47型万用表。

(3)材料 导线若干、绝缘胶布、绝缘透明胶布。

(4)设备 XA6132型卧式万能铣床或XA6132型卧式万能铣床模拟电气控制电路板。

4.2.5 操作工艺要点

1. 主轴停转制动效果不明显或无制动

工作原理分析：当主轴电动机 M1 起动时，此时 KM1 或 KM2 接触器肯定会通电吸合，其对应的联锁触头使电磁离合器 YC1 的线圈处于断电状态；当主轴停转时，KM1 或 KM2 接触器线圈断电释放，主轴电动机断开电源，同时 YC1 的线圈经停止按钮 SB1 或 SB2 的常开触头接通而接通直流电源，产生磁场，在电磁吸力作用下将摩擦片压紧产生制动效果。若主轴制动效果不明显，则通常是按下停止按钮的时间太短，松手过早之故。若主轴无制动，则有可能没将停止按钮按到底，致使 YC1 线圈无法通电，而无制动；若并非此原因，则可能是整流后直流输出电压偏低，磁场弱，制动力小而引起制动效果差；当然，主轴无制动也可能是 YC1 的线圈断线而造成。

2. 主轴变速与进给变速时无变速冲动

出现此种故障，多因操作变速手柄压合不上主轴变速开关 SQ5 或压合不上进给变速开关 SQ6 之故，造成的原因主要是开关松动或开关移位所致，作相应的处理即可。

3. 工作台控制电路有故障

这部分电路故障较多，如工作台能向左、向右运动，但无垂直与横向运动，这表明进给电动机 M2 与 KM3、KM4 接触器运行正常。操作垂直与横向手柄却无运动，这可能是手柄扳动后压合不上行程开关 SQ3 或 SQ4，也可能是 SQ1 或 SQ2 在纵向操作手柄扳回中间位置时不能复原。有时，进给变速冲动开关 SQ6 损坏，其常闭触头 SQ6（19-22）闭合不上，也会出现上述故障。

4.2.6 任务单

任务单见表 4-4。

表 4-4 任务单

任务名称	XA6132 型卧式万能铣床电气故障检修	学时		班级	
学生姓名		学生学号		任务成绩	
实训材料与仪表	参阅 4.2.4 节	实训场地		日期	
任务内容	1. XA6132 型卧式万能铣床主轴停转制动效果不明显或无制动，试用相关方法对其进行检修 2. XA6132 型卧式万能铣床的主轴变速与进给变速时无变速冲动，试用相关方法对其进行检修				
任务目的					
（一）资讯					
	资讯问题： 资讯引导：《电气控制线路安装与维修》 作者：王建 出版社：中国劳动出版社				

(续)

(二) 决策与计划	
(三) 实施	
(四) 检查（评价）	

4.2.7 考核标准

考核标准见表4-5。

表4-5 考核标准

序号	工作过程	主要内容	评分标准	配分	学生（自评）		教师	
					扣分	得分	扣分	得分
1	资讯 （10分）	任务相关 知识查找	查找相关知识学习，该任务知识能力掌握度达到60%扣5分	10				
			查找相关知识学习，该任务知识能力掌握度达到80%扣2分					
			查找相关知识学习，该任务知识能力掌握度达到90%扣1分					
2	决策计划 （10分）	确定方案、 编写计划	制定整体设计方案，在实施过程中修改一次扣2分	10				
			制定实施方法，在实施过程中修改一次扣2分					
3	实施 （10分）	记录实施 过程步骤	实施过程中，步骤记录不完整度达到10%扣2分	10				
			实施过程中，步骤记录不完整度达到20%扣3分					
			实施过程中，步骤记录不完整度达到40%扣5分					
4	检查评价 （60分）	前期准备	排除故障前不进行调查研究，扣2分	4				
			仪表使用方法不正确，扣2分					
		故障检测	设备操作不熟练，扣2分	21				
			在原理图上标不出故障范围或标错，每个故障点扣2分					
			不能标出最小故障范围，每个故障点扣2分					
			故障分析思路不清楚，每个故障点扣2分					
			方法不正确，每个故障点扣5分					
		调试	通电顺序不对，扣5分	15				
			扩大故障范围或产生新故障，每个扣5分					
		调试效果	每少排除一处故障，扣5分	20				
			损坏电动机，直接扣20分					
5	职业规范、 团队合作 （10分）	安全文明 生产	违反安全文明操作规程扣3分	3				
		组织协调 与合作	团队合作较差，小组不能配合完成任务扣3分	3				
		交流与表 达能力	不能用专业语言正确流利简述任务成果扣4分	4				
	合计			100				

学生自评总结			
教师评语			
学生签字	年　月　日	教师签字	年　月　日

4.2.8　知识能力测试

1. 填空

（1）XA6132 型卧式万能铣床主要由床身、_____、刀杆支架、_____、主轴和升降台等部分组成。

（2）XA6132 型卧式万能铣床的工作台上还可以安装_____以扩大铣削能力。

（3）XA6132 型卧式万能铣床为了能进行顺铣和逆铣加工，要求主轴能够实现_____转。

（4）XA6132 型卧式万能铣床的主电路中共有_____台电动机。M1 是_____电动机，M2 是工作台进给电动机，M3 是_____电动机。

2. 判断

（1）圆工作台运动需两个转向，且与工作台进给运动要有联锁，不能同时进行。（　　）

（2）工作台有上、下、左、右、前五个方向的运动。（　　）

（3）为提高主轴旋转的均匀性并消除铣削加工时的振动，主轴上装有飞轮，其转动惯量较大，因此要求主轴电动机有停转制动控制。（　　）

（4）XA6132 型卧式万能铣床为操作方便，应能在两处控制各部件的起动或停止。（　　）

3. 简述

简单叙述 XA6132 型卧式万能铣床的工作原理。

4. 训练内容

（1）主轴停转制动后产生短时反向旋转，试用相应方法排除故障。

（2）主轴变速时无冲动过程，试用相应方法排除故障。

（3）工作台各个方向都不能进给，试用相应方法排除故障。

任务 4.3　Z35 型摇臂钻床电气控制电路的检修

> **教学目的**
> 知识能力：熟悉 Z35 型摇臂钻床电气控制电路的工作原理。
> 技能能力：掌握 Z35 型摇臂钻床电气控制电路常见故障的排除方法。
> 社会能力：培养学生分析问题、解决问题的能力；培养学生的沟通能力及团队协作精神。

▶ 知识能力

4.3.1　Z35 型摇臂钻床的结构及工作要求

1. Z35 型摇臂钻床的结构

图 4-5 是 Z35 型摇臂钻床的结构示意图。

Z35 型摇臂钻床主要由底座、内立柱、外立柱、摇臂、主轴变速箱、工作台等组成。内立柱固定在底座上，在它外面套着空心的外立柱，外立柱可绕着内立柱回转一周，摇臂一端的套筒部分与外立柱滑动配合，借助于丝杠，摇臂可沿着外立柱上下移动，但两者不能作相对转动，所以摇臂是与外立柱一起相对内立柱回转。主轴变速箱是一个复合的部件，它具有主轴、主轴旋转部件以及主轴进给的全部变速和操纵机构。主轴变速箱可沿着摇臂上的水平导轨作径向移动。进行加工时，可利用特殊的夹紧机构将外立柱紧固在内立柱上，摇臂紧固在外立柱上，主轴变速箱紧固在摇臂导轨上，然后进行钻削加工。

2. Z35 型摇臂钻床的电力拖动及控制要求

1）由于摇臂钻床的运动部件较多，为简化传动装置，使用多电动机拖动。主电动机承担主钻削及进给任务，摇臂升降、夹紧放松和冷却泵各用一台电动机拖动。

2）为了适应多种加工方式的要求，主轴及进给应能在较大范围内调速。但这些调速都是机械调速，用手柄操作变速箱调速，对电动机无任何调速要求。从结构上看，主轴变速机构与进给变速机构应该放在一个变速箱内，而且两种运动由一台电动机拖动是合理的。

3）加工螺纹时要求主轴能正、反转。摇臂钻床的正、反转一般用机械方法实现，电动机只需单方向旋转。

4）摇臂升降由单独电动机拖动，要求能实现正、反转。

5）摇臂及立柱的夹紧与放松由一台异步电动机配合液压装置来完成，要求这台电动机

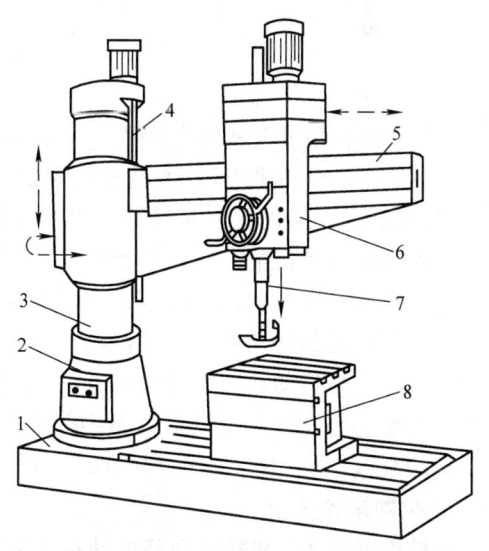

图 4-5　Z35 型摇臂钻床的结构示意图
1—底座　2—内立柱　3—外立柱　4—摇臂升降丝杠
5—摇臂　6—主轴变速箱　7—主轴　8—工作台

能正、反转。摇臂的回转和主轴变速箱的径向移动在中、小型摇臂钻床上都采用手动。

6) 钻削加工时，为对刀具及工件进行冷却，需由一台冷却泵电动机拖动冷却泵输送冷却液。

4.3.2 Z35型摇臂钻床的原理分析

Z35 型摇臂钻床的电气控制电路如图4-6 所示。

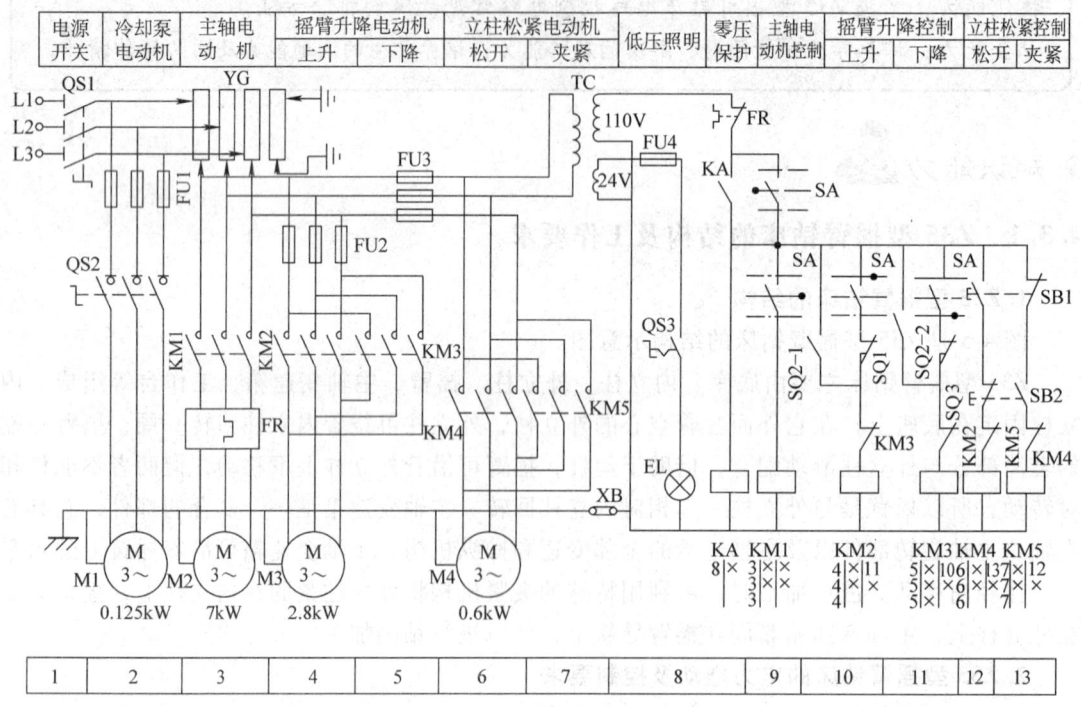

图 4-6　Z35 型摇臂钻床的电气控制电路

1. 主电路分析

Z35 型摇臂钻床有 4 台电动机，即主轴电动机 M2、摇臂升降电动机 M3、立柱松紧电动机 M4 及冷却泵电动机 M1。为满足攻螺纹工序，要求主轴能实现正、反转，而主轴电动机 M2 只能正转，主轴的正、反转是采用摩擦离合器来实现的。

摇臂升降电动机能正、反转控制，当摇臂上升（或下降）到达预定的位置时，摇臂能在电气和机械夹紧装置的控制下，自动夹紧在外立柱上。

摇臂的套筒部分与外立柱是滑动配合，通过传动丝杠，摇臂可沿着外立柱上下移动，但不能作相对回转运动，而摇臂与外立柱可以一起相对内立柱作 360°的回转运动。外立柱的夹紧、放松是由立柱松紧电动机 M4 的正、反转并通过液压装置来进行的。

冷却泵电动机 M1 供给钻削时所需的冷却液。

2. 控制电路分析

主轴电动机 M2 和摇臂升降电动机 M3 采用十字开关 SA 进行操作，十字开关的塑料盖板上有一个十字形的孔槽。根据工作需要可将操作手柄分别扳在孔槽内 5 个不同的位置上，即左、右、上、下和中间 5 个位置。在盖板槽孔的左、右、上、下 4 个位置后面分别装有一个微动开关，当操作手柄分别扳到这 4 个位置时，便相应压下后面的微动开关，其常开触头闭合而接通所需的电路。操作手柄每次只能扳在一个位置上，亦即 4 个微动开关只能有一个被压而接通，其余仍处于断开状态。当手柄处于中间位置时，4 个微动开关都不受压，全部处于断开状态。图中用小黑圆点分别表示十字开关 SA 的 4 个位置。

（1）主轴电动机 M2 的控制　将十字开关 SA 扳在左边的位置，这时 SA 仅有左面的触头闭合，使零压继电器 KA 的线圈得电吸合，KA 的常开触头闭合自锁。再将十字开关 SA 扳到右边位置，仅使 SA 右面的触头闭合，接触器 KM1 的线圈得电吸合，KM1 主触头闭合，主轴电动机 M2 通电运转，钻床主轴的旋转方向由主轴变速箱上的摩擦离合器手柄所扳的位置决定。将十字开关 SA 的手柄扳回中间位置，触头全部断开，接触器 KM1 线圈失电释放，主轴停止转动。

（2）摇臂升降电动机 M3 的控制　当钻头与工件的相对高低位置不适合时，可通过摇臂的升高或降低来调整。摇臂的升降是由电气和机械传动联合控制的，能自动完成从松开摇臂到摇臂上升（或下降）再夹紧摇臂的过程。Z35 型摇臂钻床所采用的摇臂升降及夹紧的电气和机械传动的原理如图 4-7 所示。

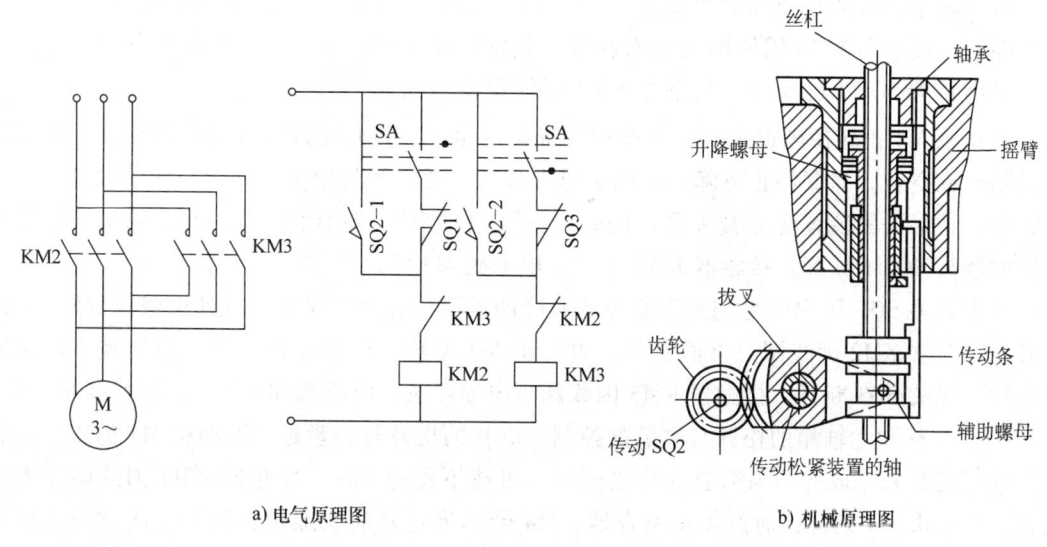

图 4-7　摇臂升降及夹紧的原理图

如果要摇臂上升，就将十字开关 SA 扳到"上"的位置，压下 SA 上面的常开触头使其闭合，接触器 KM2 线圈得电吸合，KM2 的主触头闭合，电动机 M3 得电正转，带动升降丝杠正转。升降丝杠开始正转时，升降螺母也跟着旋转，所以摇臂不会上升。下面的辅助螺母因不能旋转而向上移动，通过拨叉使传动松紧装置的轴逆时针方向转动，结果松紧装置将摇臂松开。在辅助螺母向上移动时，带动传动条向上移动。当传动条压上升降螺母后，升降螺母就不能再转动了，而只能带动摇臂上升。在辅助螺母上升而转动拨叉时，拨叉又转动开关 SQ2 的轴，使鼓形转换开关上触头 SQ2-2 闭合，为夹紧作准备，鼓形转换开关如图 4-8 所示。这时 KM2 的常闭触头断开，接触器 KM3 线圈不会通电。当摇臂上升到所需的位置时，将十字开关 SA 扳回到中间位置，SA 上面触头复位断开电路，接触器 KM2 线圈失电释放，其常闭触头 KM2 闭合，因触头 SQ2-2 已闭合，接触器 KM3 线圈立即得电而吸合，KM3 的主触头闭合，电动机 M3 反转使辅助螺母向下移动，一方面带动传动条下移而与升降螺母脱离接触，升降螺母又随丝杠空转，摇臂停止上升；另一方面辅助螺母下移时，通过拨叉又使传动松紧装置的轴顺时针方向转动，结果松紧装置将摇臂夹紧；同时，拨叉通过鼓形转换开关 SQ2 的轴，使摇臂夹紧时触头 SQ2-2 断开，接触器 KM3 释放，电动机 M3 停止。

要求摇臂下降，可将十字开关 SA 扳到"下"的位置，于是 SA 下面的常开触头闭合，接触器 KM3 线圈得电吸合，电动机 M3 得电起动反转。开始时，升降螺母也跟着旋转，所以摇臂不会下降。下面的辅助螺母向下移动，通过拨叉使传动松紧装置的轴顺时针方向转动，结果松紧装置也是先将摇臂松开，在辅助螺母向下移动时，带动传动条向下移动。当传动条压住上升螺母后，升降螺母也不转了，带动摇臂下降。辅助螺母下降而转动拨叉时，拨叉又转动组合开关 SQ2 的轴，使触头 SQ2-1 闭合，为夹紧作准备。这时 KM3 的常闭触头 KM3 是断开的。当摇臂下降到所需要的位置时，将十字开关扳回到中间位置，这时 SA 下面的常开触头断开，接触器 KM3 因线圈失电而释放，其常闭触头闭合，又因触头 SQ2-1 已闭合，接触器 KM2 因线圈得电而吸

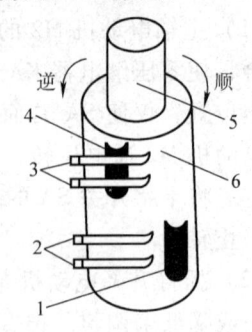

图 4-8 鼓形转换开关
1、4—动触头　2—触头 SQ2-2
3—触头 SQ2-1
5—转鼓　6—转轴

合，电动机 M3 正转使辅助螺母向上移动，带动传动条上移而与升降螺母脱离接触，升降螺母又随丝杠空转，摇臂停止下降；辅助螺母上移时，通过拨叉使传动松紧装置的轴逆时针方向转动，结果松紧装置将摇臂夹紧；同时，拨叉通过齿轮转动组合开关 SQ2 的轴，使摇臂夹紧时触头 SQ2-1 断开，接触器 KM2 释放，电动机 M3 停止。

位置开关 SQ1 和 SQ3 是用来限制摇臂升降的极限位置。当摇臂上升到极限位置时，SQ1 断开，接触器 KM2 因线圈失电而释放，电动机 M3 停转，摇臂停止上升。当摇臂下降到极限位置，触头 SQ3 断开，接触器 KM3 因线圈失电而释放，电动机 M3 停转，摇臂停止下降。

（3）立柱和主轴箱的松开与夹紧的控制　立柱的松开与夹紧是靠电动机 M4 的正、反转通过液压装置来完成的。当需要立柱松开时，可按下按钮 SB1，接触器 KM4 因线圈得电而吸合，电动机 M4 正转，通过齿轮离合器，M4 带动齿轮式油泵旋转，从一定的方向送出高压油，经一定的油路系统和传动机构将外立柱松开。松开后可放开按钮 SB1，电动机停转，即可用手推动摇臂连同外立柱绕内立柱转动。当转动到所需位置时，可按下 SB2，接触器 KM5 因线圈得电而吸合，电动机 M4 反转，通过齿轮式离合器，M4 带动齿轮式离合器反向旋转，从另一方送出高压油，在液压推动下将立柱夹紧。夹紧后可放开按钮 SB2，接触器 KM5 因线圈得电而释放，电动机 M4 停转。

Z35 型摇臂钻床的主轴箱在摇臂上的松开与夹紧和立柱的松开与夹紧由同一台电动机 M4 和同一液压机构进行。

电路中零压继电器 KA 的作用是当供电电路断电时，KA 线圈失电释放，KA 的常开触头断开，使整个控制电路断电；当电路恢复供电时，控制电路仍然断开，必须再次将十字开关 SA 扳至"左"的位置，使 KA 线圈重新得电，KA 常开触头闭合，然后才能操作控制电路，也就是说零压保护继电器的常开触头起到接触器的自锁触头的作用。

（4）冷却泵电动机 M1 的控制　冷却泵电动机由转换开关 QS2 直接控制。

3. 照明电路分析

控制变压器 TC 将 380V 电压降到 110V，供给控制电路，并输出 24V 电压供低压照明灯使用。

> 技能能力

4.3.3　工作任务描述

1) 所有电动机都不能起动，试用相关方法对其进行检修。
2) 主轴电动机 M2 出现故障，试用相关方法对其进行检修。
3) 摇臂升降运动出现故障，试用相关方法对其进行检修。

4.3.4　工具、仪表、材料及设备

(1) 工具　测电笔、电工刀、尖嘴钳、斜口钳、剥线钳、螺钉旋具等。
(2) 仪表　MF47 型万用表。
(3) 材料　导线若干、绝缘胶布、绝缘透明胶布。
(4) 设备　Z35 型摇臂钻床或 Z35 型摇臂钻床模拟电气控制电路板。

4.3.5　操作工艺要点

1. 所有电动机都不能起动

当发现该机床的所有电动机都不能正常起动时，一般可以断定故障发生在电气控制电路的公用部分。可按下述步骤来检查：

1) 在电气箱内检查从汇流环 YG 引入电气箱的三相电源是否正常，如发现三相电源有缺相或其他故障现象，则应在立柱下端配电盘处，检查引入机床电源隔离开关 QS1 处的电源是否正常，并查看汇流环 YG 的接触点是否良好。
2) 检查熔断器 FU1 并确定 FU1 的熔体是否熔断。
3) 控制变压器 TC 的一、二次绕组的电压是否正常，如一次绕组的电压不正常，则应检查变压器的接线有否松动；如果一次绕组两端的电压正常，而二次绕组电压不正常，则应检查变压器输出 110V 端绕组是否断路或短路，同时应检查熔断器 FU4 是否熔断。
4) 如上述检查都正常，则可依次检查热继电器 FR 的常闭触头、十字开关 SA 内微动开关的常开触头及零压继电器 KA 线圈连接线的接触是否良好，有无断路故障等。

2. 主轴电动机 M2 的故障

(1) 主轴电动机 M2 不能起动　若接触器 KM1 已得电吸合，但主轴电动机 M2 仍不能起动运转。可检查接触器 KM1 的 3 个主触头接触是否正常，联接电动机的导线是否脱落或松动。若接触器 KM1 不动作，则首先检查熔断器 FU2 的熔体是否熔断，然后检查热继电器 FR 是否已动作，其常闭触头的接触是否良好，十字开关 SA 的触头接触是否良好，接触器 KM1 的线圈接线头有否松脱；有时也可能是由于供电电压过低，使零压继电器 KA 或接触器 KM1 不能吸合。

(2) 主轴电动机 M2 不能停止　当把十字开关 SA 扳到"中间"停止位置时，主轴电动机 M2 仍不能停转，这种故障多半是由于接触器 KM1 的主触头发生熔焊所造成的。这时应立即断开电源隔离开关 QS1，才能使电动机 M2 停转。已熔焊的主触头要更换，同时必须找出发生触头熔焊的原因，彻底排除故障后才能重新起动电动机 M2。

3. 摇臂升降运动的故障

Z35型摇臂钻床的升降运动是借助电气、机械传动的紧密配合来实现的。因此在检修时既要注意电气控制部分，又要注意机械部分的协调。

（1）摇臂升降电动机M3某个方向不能起动　电动机M3只有一个方向能正常运转，这一故障一般是出在该故障方向的控制电路或供给电动机M3电源的接触器上。例如，电动机M3带动摇臂上升方向有故障时，接触器KM2不吸合，此时可依次检查十字开关SA上面的触头、位置开关SB1的常闭触头、接触器KM3的常闭联锁触头以及接触器KM2的线圈和连接导线等有否断路故障；如接触器KM2能动作吸合，则应检查其主触头的接触是否良好。

（2）摇臂上升（或下降）夹紧后，电动机M3仍正、反转重复不停　这种故障的原因是鼓形转换开关上SQ2的两个常开静触头的位置调整不当，使它们不能及时分断引起的。鼓形转换开关的结构及工作原理如图4-8所示。图中1和4是两块随转鼓5一起转动的动触头，当摇臂不作升降运动时，要求两个常开静触头3和2正好处于两块动触头1和4之间的位置，使SQ2-1和SQ2-2都处于断开状态，如转轴受外力的作用使转鼓沿顺时针方向转过一个角度，则下面的一个常开静触头SQ2-2接通；若鼓形转换开关沿逆时针方向转过一个角度，则上面的一个常开静触头SQ2-1接通。由于动触头1和4的相对位置决定了转动到两个常开静触头接通的角度值，所以鼓形转换开关SQ2的分断是使摇臂升降与松紧的关键。如果动触头1和4的位置调整得太近，就会出现上述故障。当摇臂上升到预定位置时，将十字开关SA扳回中间位置，接触器KM2线圈就失电释放，由于SQ2-2在摇臂松开时已接通，故接触器KM3线圈得电吸合，电动机M3反转，通过夹紧机构把摇臂夹紧；同时齿条带动齿轮复原，齿轮带动鼓形转换开关逆时针旋转一个角度，使SQ2-2离开动触头4处于断开状态，而电动机M3及机械部分装置因惯性仍在继续转动，此时由于动触头1和4间调整得太近，鼓形转换开关转过中间的切断位置，使动触头又同SQ2-1接通，导致接触器KM2再次得电吸合，使电动机M3又正转起动；如此循环，造成电动机M3正、反重复运转，使摇臂夹紧和放松动作也重复不停。

（3）摇臂升降后不能充分夹紧　原因之一是鼓形转换开关上压紧动触头的螺钉松动，造成动触头1或4的位置偏移。在正常情况下，当摇臂放松后，上升到所需的位置，将十字开关SA扳到中间位置时，SQ2-2应早已接通，使接触器KM3得电吸合，使摇臂夹紧。现因动触头4位置偏移，使SQ2-2未按规定位置闭合，造成KM3不能按时动作，电动机M3也就不起动反转进行夹紧，故摇臂仍处于放松状态。

若摇臂上升完毕没有夹紧作用，而下降完毕却有夹紧作用，这是由于动触头4和静触头SQ2-2的故障，反之是动触头1和静触头SQ2-1的故障。另外，鼓形转换开关上的动静触头发生弯扭、磨损、接触不良或两个常开静触头过早分断，也会使摇臂不能充分夹紧。另一个原因是当鼓形转换开关和连同它的传动齿轮在检修安装时，没有注意到鼓形转换开关上的两个动合触头的原始位置与夹紧装置的协调配合，就起不到夹紧作用。例如，在安装带动鼓形开关的齿轮时，由于把它与扇形齿条的啮合偏移了3个齿，这就造成摇臂夹紧机构在没有到夹紧位置（或超过夹紧位置），即在离夹紧位置尚有3个齿距处便停止运动。

摇臂若不完全夹紧，会造成钻削的工件精度达不到规定值。

4.3.6　任务单

任务单见表4-6。

表 4-6　任务单

任务名称	Z35 型摇臂钻床电气控制电路检修	学时		班级	
学生姓名		学生学号		任务成绩	
实训材料与仪表	参阅 4.3.4 节	实训场地		日期	
任务内容	1. 所有电动机都不能起动，试用相关方法对其进行检修 2. 主轴电动机 M2 出现故障，试用相关方法对其进行检修 3. 摇臂升降运动出现故障，试用相关方法对其进行检修				
任务目的					

（一）资讯

资讯问题：

资讯引导：《电气控制线路安装与维修》　作者：王建　出版社：中国劳动出版社

（二）决策与计划

（三）实施

（四）检查（评价）

4.3.7 考核标准

考核标准见表4-7。

表4-7 考核标准

序号	工作过程	主要内容	评分标准	配分	学生（自评）		教师	
					扣分	得分	扣分	得分
1	资讯（10分）	任务相关知识查找	查找相关知识学习，该任务知识能力掌握度达到60%扣5分	10				
			查找相关知识学习，该任务知识能力掌握度达到80%扣2分					
			查找相关知识学习，该任务知识能力掌握度达到90%扣1分					
2	决策计划（10分）	确定方案、编写计划	制定整体设计方案，在实施过程中修改一次扣2分	10				
			制定实施方法，在实施过程中修改一次扣2分					
3	实施（10分）	记录实施过程步骤	实施过程中，步骤记录不完整度达到10%扣2分	10				
			实施过程中，步骤记录不完整度达到20%扣3分					
			实施过程中，步骤记录不完整度达到40%扣5分					
4	检查评价（60分）	前期准备	排除故障前不进行调查研究，扣2分	4				
			仪表使用方法不正确，扣2分					
		故障检测	设备操作不熟练，扣2分	21				
			在原理图上标不出故障回路或标错，每个故障点扣2分					
			不能标出最小故障范围，每个故障点扣2分					
			故障分析思路不清楚，每个故障点扣2分					
			方法不正确，每个故障点扣5分					
		调试	通电顺序不对，扣5分	15				
			扩大故障范围或产生新故障，每个扣5分					
		调试效果	每少排除一个故障，扣5分	20				
			损坏电动机，直接扣20分					
5	职业规范、团队合作（10分）	安全文明生产	违反安全文明操作规程扣3分	3				
		组织协调与合作	团队合作较差，小组不能配合完成任务扣3分	3				
		交流与表达能力	不能用专业语言正确流利简述任务成果扣4分	4				
	合计			100				

(续)

学生自评总结			
教师评语			
学生签字	年　月　日	教师签字	年　月　日

4.3.8　知识能力测试

1. 填空

(1) Z35 型摇臂钻床主要由底座、_____、外立柱、_____、主轴变速箱、工作台等组成。

(2) Z35 型摇臂钻床有_____台电动机，即_____电动机 M2、摇臂升降电动机 M3、立柱夹紧与松开电动机 M4 及_____电动机 M1。

(3) Z35 型摇臂钻床电路中_____继电器 KA 的作用是当供电线路断电时，KA 线圈失电释放，KA 的常开触头_____，使整个控制电路断电。

(4) 当钻头与工件的相对高低位置不适合时，可通过摇臂的_____或_____来调整。

2. 判断

(1) 加工螺纹时要求主轴能正、反转。摇臂钻床的正、反转一般用机械方法实现，电动机需两方向旋转。(　　)

(2) Z35 型摇臂钻床的冷却泵电动机 M1 供给钻削时所需的冷却液。(　　)

(3) 控制变压器 TC 将 380V 电压降到 110V，供给控制电路，并输出 24V 电压供低压照明灯使用。(　　)

(4) 摇臂上升或下降的控制电路中分别串有位置开关 SQ1 和 SQ3 作为终端保护。(　　)

3. 简述

简单叙述 Z35 型摇臂钻床的工作原理。

4. 训练内容

(1) 摇臂上升（或下降）后不能按需要停止，试用相应方法排除故障，时间不超过 10min。

(2) 立柱松紧电动机 M4 不能起动，试用相应方法排除故障，时间不超过 10min。

参 考 文 献

［1］ 齐占庆．机床电气控制技术［M］．3版．北京：机械工业出版社，2006．
［2］ 姚永刚．机床电器与可编程序控制器［M］．北京：机械工业出版社，2008．
［3］ 王建．电气控制线路安装与维修［M］．北京：中国劳动社会保障出版社，2006．
［4］ 陈远龄．机床电器自动控制［M］．2版．重庆：重庆大学出版社，1995．
［5］ 李仁．电器控制［M］．北京：机械工业出版社，2000．
［6］ 李响初，李彪，黄金波．机床电气控制线路识图［M］．北京：中国电力出版社，2010．
［7］ 许翏，王淑英．电气控制与PLC应用［M］．3版．北京：机械工业出版社，2005．